前言

筆者在這短短一年多的時間裡經歷了人生中很多大事，在撰寫本書的同時，人工智慧自然語言處理領域的發展也經歷了很多大事件，有預測蛋白質結構的 alpha-fold 模型、有 1750 億參數量的超大無比 GPT3 屠榜自然語言處理各個任務的榜單，也有實現增量推理與分散式推理的盤古預訓練模型。整體來講，自 2018 年底 Google 公司發佈 BERT 預訓練模型後，自然語言處理領域呈現井噴式發展，但是，無論當前自然語言處理模型如何發展，其仍舊基於深度神經網路，無非是網路的結構、神經元的數目及使用的硬體資源不同罷了。

資訊時代的來臨，人類從資訊匱乏的年代走向資訊爆炸的年代，現在的學習資料多如牛毛，但量大並不代表質優，因此，如何將雜亂無章的基礎知識整理成高效可擴充的知識路線，是筆者在撰寫本書時無時無刻不在思考的問題。本書從一個人工智慧演算法工程師的角度並依據筆者多個國家級競賽的獲獎經驗撰寫，目的是讓每個讀者都能夠從流程化的演算法中掌握一筆符合自己的學習路線。

因此，本書將架設一個自然語言處理的學習框架，以幫助讀者用最低的學習成本掌握自然語言處理任務。這不僅可以幫助讀者建構屬於自己的自然語言處理知識宇宙，同時也方便讀者可以基於自己的知識系統進行二次擴充，加深對自然語言處理的理解。本書的內容涉及自然語言處理領域的演算法流程、無監督學習、預訓練模型、文字分類、智慧問答、命名實體辨識、文字生成、模型的蒸餾與剪枝等。

本書是筆者在清華大學出版社出版的第二本書。不得不說，完成一本書的過程非常艱辛但十分有意義，筆者將其當成另一種形式的創業，也是對自己思考方式另一個維度的錘煉，同時也是向這個世界每個學習自然語言處理的讀者分享有益的知識。

　　另外，感謝深圳大學資訊中心和電子與資訊工程學院提供的軟硬體支援，感謝我的導師秦斌及實驗室為本書內容與程式做出貢獻的每位同學，感謝在背後支援我的父母、親人、朋友。筆者很高興能為浩如煙海的人工智慧領域知識庫提交一份有用的學習材料。

　　由於筆者水準與精力有限，書中難免存在某些疏漏，衷心歡迎讀者指正批評！

王志立

目錄

第 4 章 無監督學習的原理與應用

第 8 章 機器閱讀理解

第 9 章 命名實體辨識

第 10 章 文字生成

第 11 章　損失函式與模型瘦身

第 1 章
導論

自然語言處理是文字挖掘的研究領域之一，是人工智慧和語言學領域的分支學科，是研究人與電腦互動的學科，是處理及運用自然語言的新興技術。隨著現代化技術的不斷發展，當前自然語言處理已經逐漸邁向了人機互動的問題探索：如何保證人與電腦更高效率地通訊。

自然語言處理主要分為 4 個階段：縝密的數學形式化模型表徵人類的自然語言；數學化模型轉換成能在電腦上表示的演算法模型；根據所定義的電腦演算法模型，撰寫電腦語言程式，使模型得以應用化實現；對所得到的自然語言處理模型最佳化改進，應用於更多領域，然而，人機互動的情況非常複雜。究其原因，除了電腦性能因素外，更重要的原因在於自然語言的複雜性。人類自然語言除了字、詞、句、篇等結構劃分外，還涉及音、形、義。同一敘述，可能因為語調不同而意義完全不同。美國學者 Daniel 將複雜的語言行為總結為 6 方面的知識：語音學與音系學、形態學、句法學、語義學、語用學和話語學。這 6 方面的複雜性為電腦處理自然語言帶來了極大的障礙。

1.1 基於深度學習的自然語言處理

目前，深度學習是人工智慧領域中的熱門研究方向。深度學習的迅速發展受到了學術界和工業界的廣泛關注。由於深度學習優秀的特徵選擇和提取能力，其在自然語言處理、電腦視覺、語音辨識等領域得到廣泛應用，因此自然語言處理是人工智慧皇冠上的一顆明珠。

人們在自然語言處理領域長期以來的追求，便是如何保證自然語言與電腦之間的有效通訊，然而自然語言是高度抽象的符號化系統，文字間存在資料離散、稀疏及一詞多義等問題，因此，當前自然語言處理的研究熱點和困難，是如何使用深度學習技術推動自然語言處理中各個任務的發展。

Hinton 在 2006 年提出深度學習的概念：深度學習是一種從巨量資料中自動提取多層特徵表示的技術。透過資料驅動的方式，深度學習採用不同組合的非線性變換，提取原始資料的低層到高層及具體到抽象等特徵。首先，相較傳統的淺層學習，深度學習更加強調模型結構的深度，透過增加模型深度，深度學習模型能夠獲取原始資料中更深層次含義；其次，深度學習明確資料特徵表示的重要性，透過逐層特徵變換，深度學習模型將原始資料的特徵表示空間，轉換到一個新特徵表徵空間，從而使模型的預測更容易。

深度學習強大的特徵提取和學習能力可以更進一步地處理高維稀疏資料，在自然語言處理領域的諸多工作中獲得了長足發展。深度學習的出現，使文字的表徵從離散的整數矩陣轉換成了稠密高維的浮點矩陣，浮點矩陣所蘊含的資訊更多，而且每個字元表徵之間也存在一定的語義連結，因此，本書的核心是基於深度學習的自然語言處理。透過深度學習與自然語言處理的結合，本書能夠幫助讀者快速掌握當前自然語言處理的熱門技術，鍛鍊實踐能力。

1.2　本書章節脈絡

全書共 11 章，每個章節聯繫緊密，並且配套相應的原理與案例。筆者建議初學者按順序閱讀，這樣能有效地建立起一套完備的基於深度學習的自然語言處理學習系統。接下來，筆者就圖 1.1 所示的學習路線給各位讀者介紹一下本書的知識系統。

第 1 章導論分為 4 部分內容：自然語言處理的定義、基於深度學習的自然語言處理、全書章節脈絡及自然語言處理的演算法流程。第 1 章是全書的總起章，將給每位讀者重點介紹本書每個章節的核心技術。

第 2 章 Python 開發環境配置介紹了本書使用的作業系統與程式設計環境，即 Linux 作業系統下的 Python 開發環境架設。與此同時，第 2 章還介紹了演算法開發的常用工具與當前比較流行的 Docker 容器技術的使用。

第 3 章自然語言處理的發展歷程，按時間順序介紹自然語言處理領域發展過程中比較經典的模型與思想。第 3 章從最簡單的人工規則處理自然語言開始，逐步邁向機器學習處理更加複雜的任務，最後到利用深度學習技術推動當前自然語言處理任務的發展。

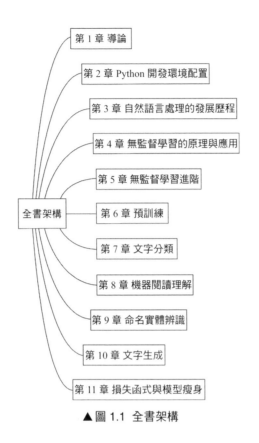

▲ 圖 1.1　全書架構

　　第 4 章無監督學習的原理與應用是整本書的精華所在，筆者將給讀者詳細介紹自然語言處理領域跨時代的語言預訓練模型 BERT，並配套相應的案例，以幫助讀者掌握深度學習與自然語言處理相結合的重點。更進一步，筆者以本章為基礎，衍生出第 5~11 章，幫助讀者更進一步地了解預訓練模型 BERT 如何處理當前自然語言處理任務，及掌握使用 BERT 模型的實踐能力。

　　第 5 章無監督學習進階則是基於第 4 章的深入探索，著重介紹生成對抗網路與元學習的知識。讀者可以從中體會生成對抗網路中的博弈之美，學習到一個嶄新的處理問題的想法，與此同時，也能在元學習的知識中學會如何利用少量樣本完成「一次學習」甚至「零次學習」。

　　第 6 章預訓練是 BERT 預訓練模型誕生的關鍵章節，講解如何生成一個預訓練模型，以及如何利用巨量的無標注資料甚至脫敏資料，生成一個性能優秀的預訓練模型。

　　第 7 章文字分類是當前業界研究的重點，其對輿情分析、新聞分類與情感傾向分析等應用場景都有著至關重要的影響。預訓練模型很大程度地提升了自然語言處理模型的泛化能力與準確性。本章將以分類任務為切入點，講解如何利用預訓練模型建構自然語言處理分類模型技術。另外，本書後續章節的自然語言處理下游任務的案例程式將基於第 7 章的案例程式進行改寫，案例程式具有很強的重複使用性與解耦性，學習成本非常低，力圖幫助每位讀者快速提升自然語言處理技術的實踐能力，並基於當前的程式框架進行二次擴充，完善自然語言處理的知識系統。

　　第 8 章機器閱讀理解是一種電腦理解自然語言語義並回答人類一系列問題的相關技術。該任務通常被用來衡量機器自然語言理解能力，可以幫助人類從大量文字中快速聚焦相關資訊，降低人工資訊獲取成本，在文字問答、資訊取出、對話系統等領域具有極強的應用價值。隨著深度學習的發展，機器閱讀理解各項任務的性能顯著提升，受到工業界和學術界的廣泛關注。同時，第 8 章配備了相應的機器閱讀理解程式案例，幫助讀者掌握如何從巨量文件中取出符合問題的答案部分的技術。

　　第 9 章命名實體辨識是一種辨識文字中預先定義好類別的實體技術。命名實體辨識技術在文字搜尋、文字推薦、知識圖譜建構及機器智慧問答等領域都起著至關重要的作用。近年來，隨著深度學習的快速發展，命名實體辨識技術的準確性也獲得了很大的提升，因此，第 9 章配備了相應的命名實體辨識實踐，以幫助讀者掌握該熱門技術。

　　第 10 章文字生成是一種可以利用既定資訊與文字生成模型生成滿足特定目標的文字序列的技術，其主要應用場景有生成式閱讀理解、人機對話或智慧寫作等。當前深度學習的快速發展同樣推動了該項技術的蓬勃發展，越來越多可用的文字生成模型誕生，提高了自然語言處理領域的效率，服務智慧化社會。第 10 章同樣配備了文字生成的相應實踐，以幫助讀者更進一步地理解該項技術，並使用它來完成相應的任務。

　　第 11 章損失函式與模型瘦身是基於模型最佳化的重點章節。損失函式可以為神經網路提供很多實用的靈活性，它定義了網路輸出與網路其餘部分的連接方式，也決定著模型設計各項參數的收斂速度，甚至在特殊的資料分佈下，如樣本不均衡的長尾分佈、訓練樣本少的冷開機問題,以及資料集在髒、亂、差的帶有雜訊學習中,特殊的損失函式能發揮出讓人意想不到的作用。另外,隨著深度學習的模型層次結構越來越深,模型含有的神經元常常數以億計,這給模型線上部署的高回應要求帶來了極大的阻礙。為此,本章將介紹相應的模型壓縮技術,以滿足模型線上部署高回應且性能消耗較小的要求。

1.3 自然語言處理演算法流程

本書的自然語言演算法以 Python 為基礎,採用開放原始碼的深度學習預訓練模型,並基於 Facebook 開放原始碼的 PyTorch 深度學習框架,建構自然語言處理模型。整體演算法流程如圖 1.2 所示。資料集切分為測試集、訓練集和驗證集。測試集用於模型的預測;訓練集用於訓練深度學習模型;驗證集用於評估模型結果,進而輔助模型調參。一般而言,測試集、訓練集與驗證集的比例為 1:7:2。

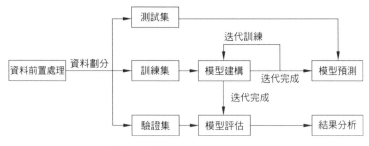

▲ 圖 1.2 自然語言處理演算法流程

1. 資料前置處理

資料前置處理模組的主要工作是將文字與實體標籤轉換成電腦能夠處理的格式。與此同時,資料前置處理模組還包含資料清洗與資料增強兩部分,資料清洗的目的是讓模型在學習過程中排除雜訊的干擾,如 HTML 字元、表情字元等,避免影響模型的性能;資料增強的目的是讓模型在學習過程中能夠多維度地接觸有用資訊,如過長文字的處理方法,從而提升模型的性能。本書對於過長文字的處理,首先設定文字的切割長度設定值,並利用正規表示法清洗過長文字中的 HTML 標籤雜訊等;其次,對清洗後的資料按照句子切割,利用 Python 的串列進行加載;最後,對串列裡的句子按順序組裝,當文字長度大於 512 時,停止組裝,將當前句子用作新資料的首句，繼續循環至當前串列的最後一個句子。透過按句切割的方式，演算法大幅地保證了文字的資訊不遺失，如圖 1.3 所示。

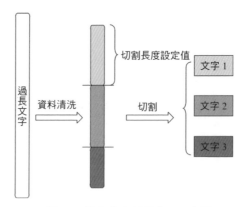

▲ 圖 1.3 過長文字前置處理示意圖

2. 模型建構

模型建構模組採用開放原始碼的預訓練模型 NEZHA，並結合深度學習方法中相應的自然語言處理模型。由於自然語言處理的每個任務都有所不同，所以筆者對該模組只做巨觀的概括，讀者可以翻閱後續章節了解相關技術的細節。

3. 模型預測

模型預測模組主要涉及超參數的設置及調優。超參數的設置與調優基於當前任務資料的特性 (如文字長度等) 與硬體裝置資源 (如 16GB 記憶體的 Tesla 顯卡等)。同理，讀者可以翻閱後續章節的實踐案例了解相應的超參數細節。

4. 模型評估

模型評估模組設計評價指標評估模型的性能。模型評估指標有很多種，因此根據問題去選擇合適的評估指標是衡量結果好壞的重要方法，所以演算法開發人員需要知道評估指標的定義，從而選擇正確的模型評估方式，這樣才能知道模型的問題所在，進而對模型進行參數調優。自然語言處理任務的評估指標仍然基於當前任務特性來設計，包括但不限於正確率、精確率、召回率、F1 分數、ROUGE 分數及 BLEU 分數等，這些指標都會在後續章節進行詳細介紹。

1.4　小結

　　本章的內容並不多，整體是為了介紹自然語言處理的定義、整本書的學習路線及自然語言處理演算法的整體流程，以幫助讀者對自然語言處理有個全域的認識。

　　自然語言處理技術是一項非常重要的電腦技術，其在各個領域發揮著無可替代的作用。隨著電腦自然語言處理技術的日趨成熟，自然語言處理模型會在社會的各個領域解決問題，為人們提供便利，從而在人類的智慧社會中擔任至關重要的角色。

第 2 章
Python 開發環境配置

工欲善其事，必先利其器。架設開發環境是學習本書原理與實踐必不可少的環節。本章主要向讀者介紹一些大型開發軟體的使用，如 MobaXterm 與整合式開發環境 (Integrated Development Environment，IDE) 軟體，以及如何給 Linux 伺服器部署開發環境。與此同時，本章還將說明如何安裝和使用 Docker 容器技術，幫助讀者減少配置環境帶來的煩惱。

2.1 Linux 伺服器

演算法程式開發人員的程式開發環境幾乎離不開 Linux 作業系統，而當今世界的伺服器也基本是以 Linux 作業系統為主，不外乎兩個原因：免費、好用。為此，本書的程式都將基於 Linux 伺服器進行開發。接下來，筆者將介紹幾款幫助讀者提升開發效率的軟體。

2.1.1 MobaXterm

MobaXterm 是一款 Windows 作業系統的軟體，它是 IT 人員在 Windows 平臺上遠端連接 Linux 伺服器的終極工具箱。在單一 Windows 應用程式中，它為程式設計師、網站管理員、IT 管理員及絕大多數需要以更簡單的方式處理遠端作業的使用者提供了量身訂製的功能。

MobaXterm 提供了所有重要的遠端網路工具 (SSH、X11、RDP、VNC、FTP 和 MOSH)，從 UNIX 命令 (bash、Is、cat、sed、grep、awk 和 rsync 等) 到 Windows 桌面都可以在一個可移植的 exe 檔案中使用，該檔案可以直接使用。

MobaXterm 軟體是開放原始碼且免費的。

2.1.2 使用 MobaXterm 連接遠端伺服器

建立 Session 連接遠端伺服器，如圖 2.1 所示。

▲圖 2.1 Session

選擇 SSH 連接，如圖 2.2 所示。

▲圖 2.2 SSH 連接

輸入 Linux 伺服器 IP 位址與使用者名稱，按一下 OK 按鈕後，輸入伺服器密碼即可，如圖 2.3 所示。

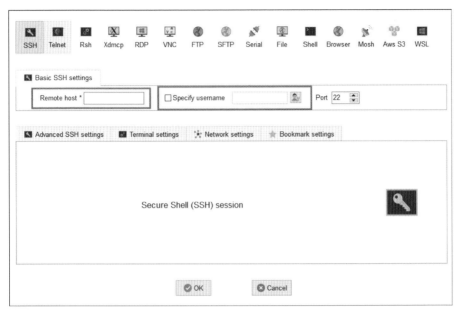

▲圖 2.3 帳戶與密碼

2.1.3　在伺服器上安裝 Python 開發環境

　　Anaconda 指的是一個開放原始碼的 Python 發行版本，包含了 Conda、Python 等 180 多個科學套件及其相依項。Anaconda 3 是 Python 3.x 的意思，選用 Anaconda 是因為能避免 Python 套件之間的版本相依錯誤，並且從 2020 年開始，官方停止維護 Python 2.x，因此直接下載 Anaconda 3 即可。下載 Linux 版本的 Anaconda，然後上傳至伺服器，如圖 2.4 所示。

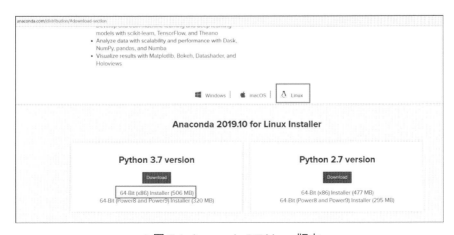

▲圖 2.4　Anaconda 3.7 Linux 版本

程式如下：

```
#chapter2/anaconda_bash.sh
# 切換至存放 Anaconda 3 的檔案目錄
sh Anaconda 檔案 .sh

# 安裝 Anaconda 檔案後，配置 Anaconda 的系統環境

# 在自己的伺服器目錄下
vim .bashrc   # 打開 .bashrc 檔案

# 在 .bashrc 檔案底部增加
# 為了避免與其他伺服器使用者產生命令衝突，可以使用自己的英文名稱 +Python 替代 python
alias ChilePython='/home/xxx/Anaconda3/bin/python'

# 配置 Anaconda 的系統環境，讓系統能索引到 Anaconda
export PATH=/home/xxx/Anaconda3/bin:$PATH
```

2.2　Python 虛擬環境

　　一般來講，軟體開發人員只擁有 Linux 伺服器的執行程式許可權，也就是說只能用這個伺服器執行程式，而不能對伺服器進行一些特定的修改。不過有時軟體開發人員需要安裝一些特定的套件來執行軟體程式，這時為了不修改當前環境，需要建立一個 Python 虛擬環境。軟體開發人員可以在上面自由安裝軟體，而不影響當前環境，用完退出虛擬環境即可。

　　本節使用 Anaconda 的命令來建立虛擬環境。使用 conda create -n your_env_name python=x.x(如 2.7、3.6) 命令建立 Python 版本為 x.x 且名稱為 your_env_name 的虛擬環境。your_env_name 檔案可以在 Anaconda 安裝目錄 envs 檔案下找到，程式如下：

```
#chapter2/create_vir_env.sh
# 建立虛擬環境
conda create -n torch_nlp python==3.7

# 切換虛擬環境
source activate torch_nlp
```

　　在虛擬環境中使用命令 conda install your_package 即可將 package 安裝到 your_env_name 中。conda 會自動幫使用者安裝相關的從屬套件。

```
# 虛擬環境的相關命令
source deactivate                                      # 退出虛擬環境
conda remove -n your_env_name( 虛擬環境名稱 ) --all      # 刪除虛擬環境
conda remove --name your_env_name package_name          # 刪除環境中的某個套件
```

2.3　PyCharm 遠端連接伺服器

　　PyCharm 是一款專業的程式設計開發軟體。讀者可以在官網使用校園電子郵件註冊，在安裝過程中使用註冊的帳號進行登入，這樣就可以免費使用 PyCharm 專業版，如圖 2.5 所示。

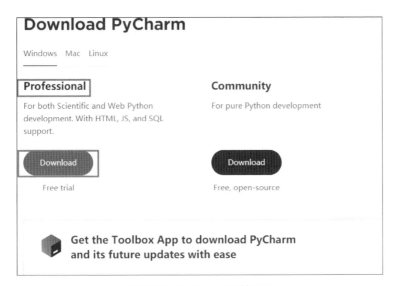

▲圖 2.5 PyCharm 下載頁面

　　選擇 File → Settings → Project Interpreter，按一下 Add 按鈕，如圖 2.6 所示，然後選擇 SSH Interpreter，輸入遠端伺服器的帳戶與密碼，如圖 2.7 所示。

▲圖 2.6　連接虛擬環境

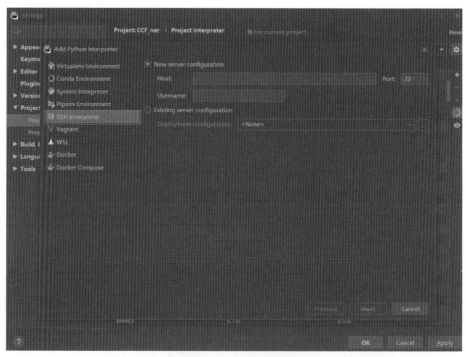

▲圖 2.7 輸入帳戶與密碼

正確填寫密碼，按一下 Next 按鈕，如圖 2.8 所示。

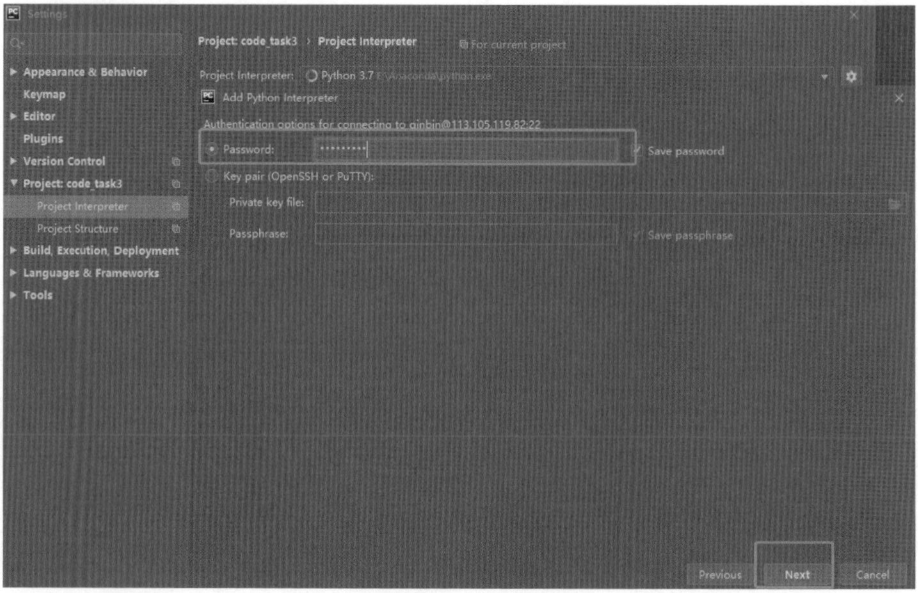

▲圖 2.8 密碼填寫

輸入密碼成功後，選擇剛剛建立好的虛擬環境，按一下 OK 按鈕即可連接虛擬環境，如圖 2.9 所示。

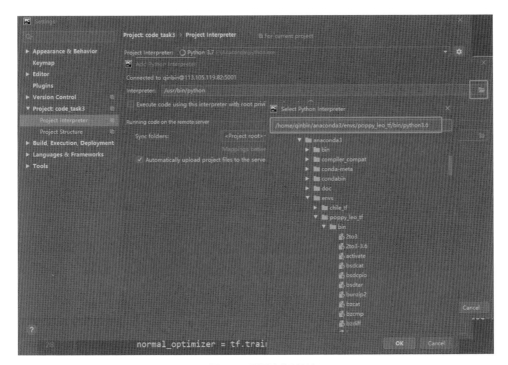

▲圖 2.9　選擇虛擬環境

配置本地程式與伺服器同步目錄，選擇 Tools → Deployment → Configuration，如圖 2.10 所示。

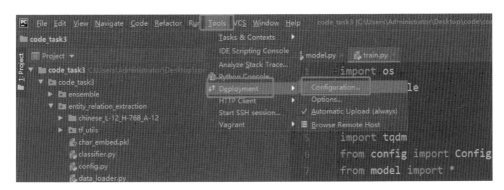

▲圖 2.10　配置程式同步目錄

選擇剛剛建立好的 SSH Interpreter，並選擇伺服器同步路徑，此時便可同步本地與伺服器之間的程式了，如圖 2.11 所示。

▲ 圖 2.11 選擇 SSH Interpreter

2.4　screen 任務管理

當程式在當前 Linux 視窗執行時間較長時 , 程式或許會因為網路問題而異常終止。軟體開發人員可以使用 screen 來解決本地突然離線的問題，因為 screen 相當於在伺服器建立了一個背景視窗，本地連接中斷並不會影響正在執行的程式。在命令列輸入 screen-ls 命令，效果如圖 2.12 所示。

程式如下：

```
#chapter2/screen_bash.sh
# 常用的 screen 命令
screen -S name              # 建立一個視窗
screen -ls                  # 查看當前已經建立的視窗
screen -d -r name           # 回到名稱為 name 的視窗
screen -X -S name quit      # 關閉名稱為 name 的視窗
```

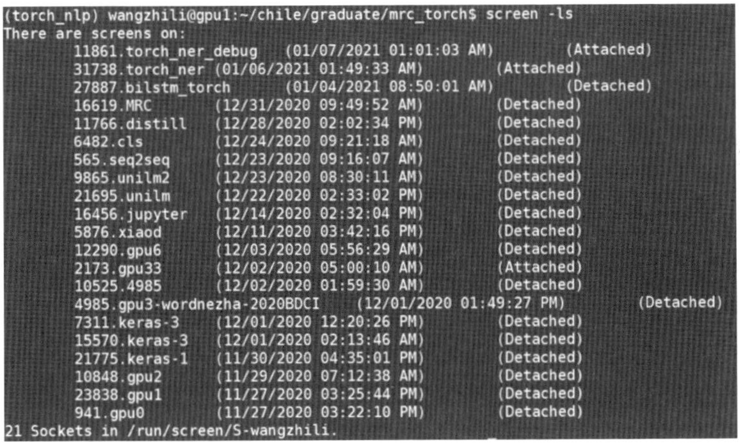

```
(torch_nlp) wangzhili@gpu1:~/chile/graduate/mrc_torch$ screen -ls
There are screens on:
        11861.torch_ner_debug   (01/07/2021 01:01:03 AM)        (Attached)
        31738.torch_ner (01/06/2021 01:49:33 AM)        (Attached)
        27887.bilstm_torch      (01/04/2021 08:50:01 AM)        (Detached)
        16619.MRC       (12/31/2020 09:49:52 AM)        (Detached)
        11766.distill   (12/28/2020 02:02:34 PM)        (Detached)
        6482.cls        (12/24/2020 09:21:18 AM)        (Detached)
        565.seq2seq     (12/23/2020 09:16:07 AM)        (Detached)
        9865.unilm2     (12/23/2020 08:30:11 AM)        (Detached)
        21695.unilm     (12/22/2020 02:33:02 PM)        (Detached)
        16456.jupyter   (12/14/2020 02:32:04 PM)        (Detached)
        5876.xiaod      (12/11/2020 03:42:16 PM)        (Detached)
        12290.gpu6      (12/03/2020 05:56:29 AM)        (Detached)
        2173.gpu33      (12/02/2020 05:00:10 AM)        (Attached)
        10525.4985      (12/02/2020 01:59:30 AM)        (Detached)
        4985.gpu3-wordnezha-2020BDCI     (12/01/2020 01:49:27 PM)        (Detached)
        7311.keras-3    (12/01/2020 12:20:26 PM)        (Detached)
        15570.keras-3   (12/01/2020 02:13:46 AM)        (Detached)
        21775.keras-1   (11/30/2020 04:35:01 PM)        (Detached)
        10848.gpu2      (11/29/2020 07:12:38 AM)        (Detached)
        23838.gpu1      (11/27/2020 03:25:44 PM)        (Detached)
        941.gpu0        (11/27/2020 03:22:10 PM)        (Detached)
21 Sockets in /run/screen/S-wangzhili.
```

▲ 圖 2.12 輸入 screen -ls 命令

最後，讀者在使用深度學習框架執行模型時需要指定 GPU，否則程式會把所有的 GPU 都佔了，嚴重影響他人使用 GPU，程式如下：

```
#Python 指定 GPU 程式
gpu_id = 4
os.environ["CUDA_VISIBLE_DEVICES"] = str(gpu_id)
```

2.5　Docker 技術

當前，開發應用程式所需要的不僅是撰寫程式。在每個專案的生命週期階段，軟體開發人員使用的各種工具存在多種語言、框架、系統結構及不連續的介面，極大地提高了軟體開發人員使用程式的複雜性。

2013 年，Docker 推出了後來成為容器業界標準的產品。容器 (Container) 是標準化的軟體單元，它使開發人員能夠將其應用程式與環境隔離，從而解決了「程式在我的機器上執行沒問題」的麻煩。

作為一項優秀的容器技術，Docker 的出現簡化並加速了軟體開發人員的工作流程，方便開發人員在無須配置環境的前提下，自由地使用每個專案的工具和應用程式，從而提高生產效率。

Docker 技術架構如圖 2.13 所示，讀者可以將其理解為它在宿主機的作業系統上建立了一層 Docker 作業系統。在 Docker 作業系統上執行的每個容器都是獨立的應用程式環境，容器之間相互隔離，但所有容器共用 Docker 作業系統中的一些公共函式庫。

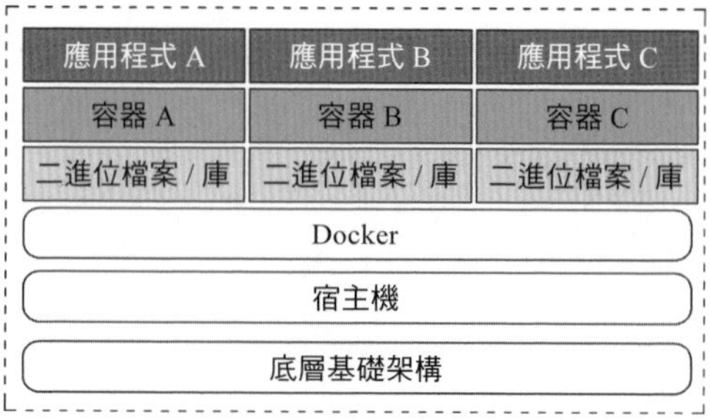

▲圖 2.13 Docker 技術架構

眾所皆知，初始學習一門電腦技能的最大時間成本是程式環境配置，然而 Docker 技術可以將程式的環境進行打包，使用者只需將打包的鏡像拉取到本地，便可使用發行者的程式環境，從而避免配置環境出現的種種問題。

對於本書程式的執行環境，筆者也提供了 Docker 的選項，幫助讀者減少配置環境的煩惱，接下來筆者將透過一系列的命令來講解 Docker 的應用。

1. 安裝 Docker

安裝 Docker 需要 sudo 許可權，而伺服器上的使用者幾乎沒有 sudo 許可權，因此，安裝 Docker 這一步需要使用者去諮詢伺服器的管理員。不過，本書仍然會引導讀者學習安裝 Docker 的流程，程式如下：

```
#chapter2/install_docker_bash.sh
sudo apt-get remove docker docker-engine docker.io  # 卸載舊版本
# 增加傳輸軟體套件與 CA 證書
sudo apt-get update
sudo apt-get install  apt-transport-https  ca-certificates  curl  \
   gnupg-agent software-properties-common
```

```
# 安裝 Docker
sudo apt-get update
sudo apt-get install docker.io

# 啟動 Docker
sudo systemctl enable docker
sudo systemctl start docker
```

2. 建立 Docker 使用者群組

同樣地，這一步也需要伺服器的管理員操作。建立 Docker 使用者群組的目的是避免伺服器的普通使用者在使用 Docker 過程中使用 sudo 許可權，也避免 root 使用者使用 Docker 服務時頻繁地輸入密碼，程式如下：

```
#chapter2/creater_docker_user.sh
# 建立使用者群組
sudo groupadd docker
# 將當前使用者增加到使用者群組
sudo usermod -aG docker $USER

# 更新 Docker 使用者群組
newgrp docker

# 退出遠端終端機，並測試 Docker
docker run hello-world   # 自動下載並拉取 hello-world 鏡像
```

測試 docker run hello -world 命令，如果輸出如圖 2.14 所示的資訊，則說明 Docker 已經安裝成功。

```
(base) wangzhili@gpu1:~$ docker run hello-world

Hello from Docker!
This message shows that your installation appears to be working correctly.

To generate this message, Docker took the following steps:
 1. The Docker client contacted the Docker daemon.
 2. The Docker daemon pulled the "hello-world" image from the Docker Hub.
    (amd64)
 3. The Docker daemon created a new container from that image which runs the
    executable that produces the output you are currently reading.
 4. The Docker daemon streamed that output to the Docker client, which sent it
    to your terminal.

To try something more ambitious, you can run an Ubuntu container with:
 $ docker run -it ubuntu bash

Share images, automate workflows, and more with a free Docker ID:
 https://hub.docker.com/

For more examples and ideas, visit:
 https://docs.docker.com/get-started/
```

▲圖 2.14 Docker 安裝成功

3. 拉取與查看鏡像

現在，假設需要一個 PyTorch 程式執行環境鏡像，則需要先拉取網際網路上已經發佈的 PyTorch 鏡像。

當前，PyTorch 提供了以下基礎鏡像來源，選擇 PyTorch：1.4-CUDA10.1-py3 版本的鏡像進行拉取即可，程式如下：

```
#chapter2/docker_mirror.sh
#Python
registry.cn-shanghai.aliyuncs.com/tcc-public/python:3

#PyTorch
registry.cn-shanghai.aliyuncs.com/tcc-public/PyTorch:latest-py3
registry.cn-shanghai.aliyuncs.com/tcc-public/PyTorch:latest-CUDA9.0-py3
registry.cn-shanghai.aliyuncs.com/tcc-public/PyTorch:1.1.0-CUDA10.0-py3
registry.cn-shanghai.aliyuncs.com/tcc-public/PyTorch:1.4-CUDA10.1-py3

#TensorFlow
registry.cn-shanghai.aliyuncs.com/tcc-public/TensorFlow:latest-py3
registry.cn-shanghai.aliyuncs.com/tcc-public/TensorFlow:1.1.0-CUDA8.0-py2
registry.cn-shanghai.aliyuncs.com/tcc-public/TensorFlow:1.12.0-CUDA9.0-py3
registry.cn-shanghai.aliyuncs.com/tcc-public/TensorFlow:latest-CUDA10.0-py3

#Keras
registry.cn-shanghai.aliyuncs.com/tcc-public/Keras:latest-py3
registry.cn-shanghai.aliyuncs.com/tcc-public/Keras:latest-CUDA9.0-py3
registry.cn-shanghai.aliyuncs.com/tcc-public/Keras:latest-CUDA10.0-py3
# 拉取 PyTorch 鏡像
docker pull registry.cn-shanghai.aliyuncs.com/tcc-public/PyTorch:1.4-CUDA10.1-py3
```

程式執行的結果如圖 2.15 所示。

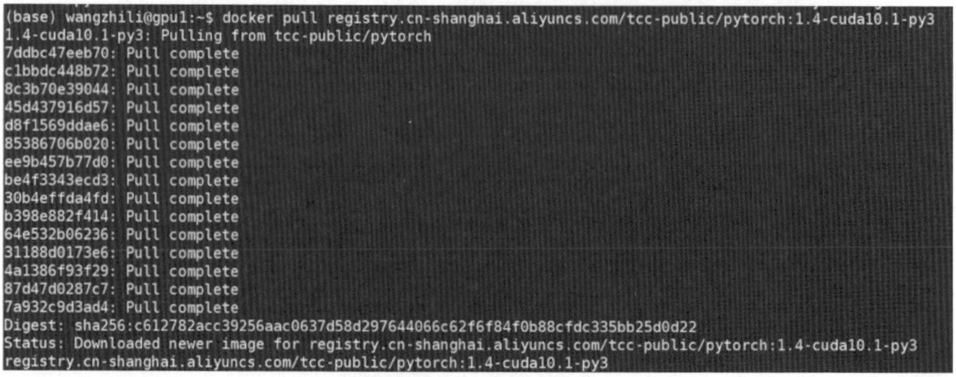

```
(base) wangzhili@gpu1:~$ docker pull registry.cn-shanghai.aliyuncs.com/tcc-public/pytorch:1.4-cuda10.1-py3
1.4-cuda10.1-py3: Pulling from tcc-public/pytorch
7ddbc47eeb70: Pull complete
c1bbdc448b72: Pull complete
8c3b70e39044: Pull complete
45d437916d57: Pull complete
d8f1569ddae6: Pull complete
85386706b020: Pull complete
ee9b457b77d0: Pull complete
be4f3343ecd3: Pull complete
30b4effda4fd: Pull complete
b398e882f414: Pull complete
64e532b06236: Pull complete
31188d0173e6: Pull complete
4a1386f93f29: Pull complete
87d47d0287c7: Pull complete
7a932c9d3ad4: Pull complete
Digest: sha256:c612782acc39256aac0637d58d297644066c62f6f84f0b88cfdc335bb25d0d22
Status: Downloaded newer image for registry.cn-shanghai.aliyuncs.com/tcc-public/pytorch:1.4-cuda10.1-py3
registry.cn-shanghai.aliyuncs.com/tcc-public/pytorch:1.4-cuda10.1-py3
```

▲圖 2.15 拉取鏡像

可以看到之前已經拉取下來的 PyTorch 鏡像，如圖 2.16 所示。

```
(base) wangzhili@gpu1:~$ docker images
REPOSITORY                                         TAG                IMAGE ID       CREATED        SIZE
nvidia/cuda                                        latest             539690cdfcd6   2 months ago   4.77GB
registry.cn-shanghai.aliyuncs.com/tcc-public/pytorch  1.4-cuda10.1-py3   76c152fbfd03   12 months ago  7.56GB
hello-world                                        latest             bf756fb1ae65   12 months ago  13.3kB
tensorflow/tensorflow                              1.15.0-gpu         19ef7f064d1d   14 months ago  3.54GB
registry.cn-shanghai.aliyuncs.com/tcc-public/keras   latest-cuda10.0-py3  116fd65c1d0b   17 months ago  3.5GB
tensorflow/tensorflow                              1.14.0-gpu         481cb7ea8826   18 months ago  3.51GB
airaria/pytorch0.4.1                               latest             4d0124d58d99   2 years ago    5.68GB
```

▲圖 2.16 已拉取的鏡像

4. 啟動容器

軟體開發人員可以透過下載好的 PyTorch 鏡像啟動容器，相當於啟動執行 PyTorch 程式的執行環境，程式如下：

```
#chapter2/start_docker.sh
# 由於下載好的 PyTorch 鏡像名稱過長，所以可以將其重新命名
#docker image tag [IMAGE ID] [重新命名：重新命名 TAG]
docker image tag 76c152fbfd03 torch_nlp:1.4-CUDA10.1-py3

# 啟動 PyTorch 容器
#docker run -itd --name [啟動的容器名稱] [鏡像名稱：鏡像 TAG] /bin/bash
docker run -itd --name torch_ct torch_nlp:1.4-CUDA10.1-py3 /bin/bash

# 查看容器，可以看到剛剛建立的 torch_ct 容器
docker ps     # 查看正在執行的容器
docker ps -a  # 查看所有容器，包含停止的容器
```

5. 進入容器

至此已進入執行 PyTorch 程式的環境，類似於使用 Anaconda 建立的虛擬環境，只不過在這個容器中，軟體開發人員擁有root 許可權，程式如下：

```
# 進入剛剛建立的 torch_ct 容器
docker exec -it torch_ct /bin/bash
# 在容器中建立 data 目錄
mkdir data
ls
# 退出當前容器
exit
```

6. 資料互傳

容器一般與外界隔離，因此，容器與宿主機之間進行資料互動時需要使用 Docker 技術。值得注意的是，容器與宿主機之間的資料互動都是在宿主機上進行的，需要事先退出當前所在的容器，程式如下：

```
# 將本地檔案複製到容器中
#docker cp 本地檔案 容器 : 容器目錄
docker cp local_data torch_ct:/root

# 將 Docker 檔案複製到本地
#docker cp 容器 : 容器檔案路徑 宿主機目錄
docker cp torch_ct:/root/container_data  /home/wangzhili/docker_test
```

7. 執行程式

容器執行程式有兩種方法：

(1) 透過 2.2.4 節介紹的資料互傳命令，將資料和程式都上傳至容器中，而後進入容器，執行程式。

(2) 無須將資料和程式上傳至容器，透過 Docker 掛載命令，借助 Docker 容器執行程式，前提是需要保證本地程式和資料都在同一個本地資料夾下，而程式執行產生的資料檔案都儲存在宿主機的目錄中，軟體開發人員只是借助容器進行運算而已，程式如下：

```
#Docker 掛載命令
#docker run -v 本地程式與資料目錄 : 掛載的容器目錄 掛載鏡像 id  執行掛載容器目錄的程式
docker run -v /home/wangzhili/docker_test:/root 76c152fbfd03 python /root/hello_
world.py
```

8. 打包容器

有時候，軟體開發人員所開發的軟體需要被其他人應用。為了減少程式環境配置的時間成本，可以將當前執行的容器進行打包，並輸出鏡像檔案，傳給使用者即可，程式如下：

```
#chapter2/unpack_docker_mirror.sh
# 打包鏡像
#docker commit [CONTANINER ID] [IMAGE NAME:TAG]
#docker commit 的其他參數
```

```
#-a ：鏡像作者名稱
#-c ：使用 dockerfile 指令建立鏡像
#-m ：提交說明文字
#-p ：暫停容器服務
docker commit 344d077602a2 torch_nlp:1.4-CUDA10.1-py3
# 打包鏡像
docker  save  -o torch_nlp.tar  torch_nlp    # 當前路徑下會生成一個 torch_nlp.tar
# 將 tar 套件生成鏡像
docker  load  torch_nlp.tar                    # 生成的鏡像跟之前打包的鏡像名稱一樣
```

9. 其他命令

Docker 還會有很多日常能用到的命令，以下命令都可在宿主機中操作。

```
#chapter2/docker_other_bash.sh
# 啟動 / 停止容器服務
docker start/stop  torch_ct
# 刪除容器
docker rm [CONTAINER ID]
# 刪除鏡像
#docker rmi [REPOSITORY:TAG]
docker rmi registry.cn-shanghai.aliyuncs.com/tcc-public/PyTorch:1.4-CUDA10.1-py3
# 刪除下載好的鏡像
```

2.6 小結

本章主要介紹了本書程式開發環境的架設和常見工具及命令的使用，目的是讓讀者在學習自然語言處理的原理與應用之前，先掌握操作深度學習的工具，因為人類能力的加成均來源於工具，因此，雖然本章相對繁瑣，但讀者也需耐心閱讀，力求掌握。

本章從如何利用 MobaXterm 來連接遠端伺服器，到如何在伺服器上安裝所需要的開發環境，進行了詳細講解。此外筆者還分享了如何利用 Anaconda 一些鏡像，並且對如何一次性利用這些來源或永久設定相應的來源作為自己 Python 相依套件的下載來源進行了詳細說明。在完成開發環境的基本配置之後，對建立自己的虛擬環境，以及專案的開發工具 PyCharm 的應用也進行了比較通俗易懂的介紹，例如 PyCharm 的安裝及如何連接到遠端伺服器。在本章的最後還介紹了 Docker，它身為容器技術，在簡化和加速軟體開發的工作流程上有非常不錯的效果，也獲得了廣大使用者的肯定。

第 3 章
自然語言處理的發展處理程序

本章重點介紹自然語言處理的發展歷程，以及自然語言發展的趨勢：規則→統計→深度學習。筆者就發展趨勢方面利用時間軸的方法來介紹這一領域在發展過程中一些比較經典的方法和模型，從最初利用人工規則來處理自然語言的一些任務講起，之後講解如何「進化」到利用機器學習的方法來處理社會發展帶來的更多複雜的任務，到發展到現在利用深度學習的方法應用在各種領域去處理各式各樣的任務。

3.1　人工規則與自然語言處理

俗話說「巧婦難為無米之炊」。在機器學習中，資料和特徵便是「米」，模型和演算法則是「巧婦」。沒有充足的資料、合適的特徵，再強大的模型結構也無法得到滿意的輸出。正如一句業界經典所說，Garbage in，garbage out。對於一個機器學習問題，資料和特徵往往決定了結果的上限，而模型、演算法的選擇及最佳化則在逐步接近這個上限，可見特徵工程的重要性。在 1970 年以前，自然語言處理的研究主要分為兩大陣營：一個是基於規則方法的符號派；另一個是採用機率方法的隨機派。這一時期，雖然兩種方法都獲得了長足的發展，但由於當時多數學者注重研究推理和邏輯問題，所以可以說在當時基於規則的方法用來處理任務的比例更高。例如早在 20 世紀 50 年代初，Kleene 就研究了有限自動機和正規表示法。1956 年，Chomsky 又提出了上下文無關語法，並把它運用到了自然語言處理中，而且隨著社會的發展，基於規則解決自然語言處理的問題也有長足的發展，例如詞頻、聚合度、自由度、編輯距離、主題和特徵轉換。下面就使用頻率較高的特徵處理方法 (如詞頻、聚合度、自由度和編輯距離) 做一個簡要的介紹。

1. 詞頻

　　詞頻是多用於中文常用詞分詞的一種統計方法，這種方法旨在統計某個常用詞在某個語境下或某個資料集中出現的次數，從而判斷這個詞本身是否可以有獨立成詞的條件，即單獨拿出這個詞是否具有一定的含義。從人類語言學的角度來講，能夠具備成為詞的要求的詞語，一般在資料上會比較聚集地出現多次。

2. 聚合度

　　詞頻並不能作為判斷是否具備獨立成詞條件的唯一標準，下面用一個例子引出更多元化的標準來評估一個詞語是否具備獨立成詞條件。舉例來說，在一篇文章中用「電影院」成詞這個例子來講聚合度，筆者統計了在整個 2400 萬字的資料中「電影」一詞出現了 2774 次，出現的機率為 0.000113，「院」字出現了 4797 次，出現的機率為 0.0001969，如果兩者間真的毫無關係，則它們拼接在一起 $P($ 電影院 $)$ 的機率為 $P($ 電影 $)\times P($ 院 $)/2$，但其實「電影院」一共出現 175 次，要遠遠高於兩個詞的機率的乘積，是 $P($ 電影 $)\times P($ 院 $)/2$ 的 600 多倍，還統計了「的」字出現的機率為 0.0166，並且文章中出現的「的電影」的真實機率 $P($ 的電影 $)$ 與 $P($ 的 $)\times P($ 電影 $)/2$ 很接近，所以表明「電影院」更可能是一個有意義的搭配，而「的電影」則更像是「的」和「電影」兩個成分偶然拼接到一起的。透過這樣的方式找到成詞稱為聚合度。計算過程及其舉例如下：

　　(1) 計算當前詞語 S 的在詞語庫中的出現機率 $P(S)$。

　　(2) 對詞語 S 進行二分切法，切分出若干組詞語組 (SL,SR)，並分別計算每個詞語的出現機率 $P(SL)$ 和 $P(SR)$。

　　(3) 對於切分出來的詞語組計算聚合度 $\log\left(\frac{P(S)}{P(SL)\cdot P(SR)}\right)$，取最小值作為詞語 S 的聚合度。其中，對得出的結果取對數是為了防止機率過低導致計算結果溢位，並把值域映射到了更加平滑的區間。

　　舉例來說，「天氣預報說週五會下雨」，使用 dop 表示聚合度，並令單字的聚合度為 0，則 dop(天)=0。

dop(天氣)=$P($ 天 $)\times P($ 氣 $)$

dop(天氣預)=$P($ 天 $)\times P($ 氣預 $)+P($ 天氣 $)\times P($ 預 $)$

dop(天氣預報)=$P($ 天 $)\times P($ 氣預報 $)+P($ 天氣 $)\times P($ 預報 $)+P($ 天氣預 $)\times P($ 報 $)$

$$dop(\text{天氣預報說})=P(\text{天})\times P(\text{氣預報說})+P(\text{天氣})\times P(\text{預報說})+P(\text{天氣預})\times$$
$$P(\text{報說})+P(\text{天氣預報})\times P(\text{說})$$

……

對詞進行二切分，然後計算切分後的機率乘積，在這裡除了每個二切分的機率乘積的和，其實也可以用另一種方法計算聚合度：「電影院」的聚合度則是 $P(\text{電影院})$ 分別除以 $P(\text{電})\times P(\text{影院})$ 和 $P(\text{電影})\times P(\text{院})$ 所得的商的較小值，這樣處理甚至會有更好的效果，因為用最小值來代表這個詞的聚合度，更能有力地證明該詞的成詞性，如果該詞的聚合度在最小的情況下都成詞，則這個詞肯定成詞。

3. 自由度

只看文字部分的聚合度是不夠的，還需要從整體看它在外部的表現。考慮「被子」，可以說「這被子」，「被子」是一個詞語而且該詞語的聚合度很高，而「這被子」並不是一個人類直觀認為有意義的詞語，但「這被子」的聚合度也很高，此時成詞的標準就受到了挑戰。

為此筆者引入自由度來解決這種問題，自由度的思想來源於資訊熵，資訊熵是一個定義事情資訊量大小的單位。資訊熵越高，含有的資訊量越小，這件事情的不確定性也就越高；相反，資訊熵越低，含有的資訊量也就越大，則這件事情的確定性也就越高。演算法人員可以用資訊熵來衡量一個文字部分的左鄰字集合和右鄰字集合有多隨機。自由度的計算過程如下：

(1) 計算當前詞語 S 的出現次數 N，則詞語 S 的左邊總共出現 N 個中文字。

(2) 對 N 個中文字的出現次數進行統計，計算詞語 S 的左邊每個字出現的機率。

(3) 根據資訊熵公式計算左鄰熵，同理計算右鄰熵。其中，P_i 為詞語 S 的左邊每個字出現的機率。

(4) 資訊熵越小對應著自由度越低，則該詞語越穩定，因此選擇資訊熵最小的作為詞語 S 的自由度。

$$E = -\sum_i P_i \log(P_i) \tag{3.1}$$

考慮這麼一句話「吃葡萄不吐葡萄皮不吃葡萄倒吐葡萄皮」「葡萄」一詞出現了 4 次，其中左鄰字分別為 { 吃 , 吐 , 吃 , 吐 }，右鄰字分別為 { 不 , 皮 , 倒 , 皮 }。根據式 (3.1)，「葡萄」一詞的左鄰字的資訊熵為 $-(1/2) \times \log(1/2) - (1/2) \times \log(1/2) \approx 0.693$，它的右鄰字的資訊熵則為 $-(1/2) \times \log(1/2) - (1/4) \times \log(1/4) - (1/4) \times \log(1/4) \approx 1.04$。由此可見，在這個句子中，「葡萄」一詞的右鄰字更加豐富一些。

4. 編輯距離

編輯距離又稱 Levenshtein 距離 (萊文斯坦距離也叫作 Edit Distance)，指兩個字串之間，由一個轉換成另一個所需的最少編輯操作次數，它們的編輯距離越大，字串越不同。許可的編輯操作包括將一個字元替換成另一個字元，插入一個字元和刪除一個字元。這個概念是由俄羅斯科學家 Vladimir Levenshtein 在 1965 年提出來的。它可以用來做 DNA 分析、拼字檢測和抄襲辨識等。總之，演算法人員可以考慮使用編輯距離比較文字段的相似度。編輯操作只有 3 種：插入、刪除和替換。例如有兩個字串，將其中一個字串經過這 3 種操作之後，得到兩個完全相同的字串付出的代價是什麼，是當前要討論和計算的。

舉例來說，有兩個字串 kitten 和 sitting，現在要將 kitten 轉換成 sitting 可以進行以下一些操作：

kitten → sitten 將 k 替換成 s；

sitten → sittin 將 e 替換成 i；

sittin → sitting 增加 g。

在這裡演算法設置每經過一次編輯，也就是變化 (插入、刪除或替換)，花費的代價都是 1。

3.2　機器學習與自熱語言處理

在機器學習中，利用一些規則，演算法人員可以極佳地使資料特徵更加明顯，使機器學習起來更加「輕鬆」，就如同有了很好的食材，或說經過處理後的食材，可以被更進一步地處理成最好吃的食物，但是再好的食材如果廚師的廚藝很差，仍然會造成食材的浪費。模型和演算法的應用對促進完成一些任務有很好的效果，可以說模型可以使資料的價值最大化。3.1 節介紹了人們利用一些規則去處理資料，本節主要介紹一些傳統演算法的發展和應用。

3.2.1　詞袋模型

詞袋 (BoW) 模型是一種使用機器學習演算法，也是數學中最簡單的文字表示形式。該方法非常簡單和靈活，可用於從文件中提取各種功能的各種方法。詞袋是描述文件中單字出現的文字的一種表示形式。因為文件中的單字是以沒有邏輯的順序放置的，所以稱為單字的「袋子」。該模型只關注文件中是否出現已知的單字，並不關注文件中出現的單字。

舉例來說，以筆者之前看過的一部電影的評論作為例子：

評論 1：This movie is very scary and long

評論 2：This movie is not scary and slow

評論 3：This movie is spooky and good

首先根據以上 3 個評論中所有獨特的單字來建構詞彙表。詞彙表由以下 11 個單字組成：This、movie、is、very、scary、and、long、not、slow、spooky 和 good。

將上述每個單字用 1 和 0 標記在上面的 3 個電影評論中。將會為 3 筆評論提供 3 個向量，具體表示如表 3.1 所示。

▼ 表 3.1　句子轉為向量的表示

	1 This	2 movie	3 is	4 very	5 scary	6 and	7 long	8 not	9 slow	10 spooky	11 good	評論的長度（單字數）
評論 1	1	1	1	1	1	1	1	1	0	0	0	7
評論 2	1	1	2	0	0	1	1	0	1	0	0	8
評論 3	1	1	1	0	0	0	1	0	0	1	1	6

評論 1 的向量：[1 1 1 1 1 1 1 1 0 0 0 0]

評論 2 的向量：[1 1 2 0 0 1 1 0 1 0 0]

評論 3 的向量：[1 1 1 0 0 0 1 1 0 0 1 1]

這是詞袋模型背後的核心思想。使用詞袋模型的缺點在於，當前可以有長度為 11 的向量，但是當遇到新句子時就會遇到問題：

第一，如果新句子包含新詞，則詞彙量將增加，因此向量的長度也將增加；第二，向量也將包含許多 0，從而導致稀疏矩陣 (這是要避免的)；第三，不保留有關句子語法或文字中單字順序的資訊。

3.2.2 *n*-gram

在用 Google 或百度搜尋引擎時，輸入一個或幾個詞，搜尋框通常會以下拉式功能表的形式舉出幾個備選，這些備選其實是在推測你想要搜尋的那個詞串。那麼，原理是什麼呢？也就是輸入「自然語」的時候，後面的「言」、「言理解」等這些詞語是怎麼出來的，怎麼排序的？實際上是根據語言模型得出的。假如使用二元語言模型預測下一個單字，則排序的過程如圖 3.1 所示。

▲ 圖 3.1 n-gram 應用範例

P(「自然語言」|「自然語 」) > P(「自然語言理解」|「自然語」) > P(「自然語言模型」|「自然語」) > P(「自然語言 sql」|「自然語」).....> P(「自然言理 .pdf」|「自然」)，資料的來源可以是使用者搜尋日誌。

到底什麼是 *n*-gram 呢？*n*-gram 是一個由 *n* 個連續單字組成的區塊，它的思想是一個單字出現的機率與它的 *n*-1 個出現的詞有關。也就是每個詞依賴於第 *n*-1 個詞。下面是一些常見的術語及範例，可以幫助你更進一步地理解 *n*-gram 語言模型。

Unigrams：一元文法，由一個單字組成的 token，舉例來說，the、students、opened 和 their。

Bigrams：二元文法，也叫一元瑪律可夫鏈。由連續兩個單字組成的 token，舉例來說，the students、students opened 和 opened their。

Trigrams：三元文法，由連續 3 個單字組成的 token，舉例來說，the students opened 和 students opened their。

4-grams：四元文法，由連續 4 個單字組成的 token，舉例來說，the students opened their。

如何估計這些 n-gram 機率呢？估計機率的一種直觀方法叫作最大似然估計 (MLE)。可以透過從常態語料庫中獲取計數，並將計數歸一化，使其位於 0~1，從而得到 n-gram 模型參數的最大似然估計。

舉例來說，要計算一個給定前一個單字為 x，後一個單字為 y 的 bigram 機率。計算 bigram $C(xy)$ 的計數，並透過共用第 1 個單字 x 的所有 bigram 的總和進行標準化。

$$P(X_n \mid X_{n-1}) = \frac{C(X_n X_{n-1})}{\sum X C(X_n X_{n-1})} \tag{3.2}$$

其中，分子為 bigram $C(xy)$ 在語料庫中的計數，分母為前一個詞 x，後一個詞為任意詞的 bigram 計數的總和。為了簡單可以寫成下面的形式：

$$P(X_n \mid X_{n-1}) = \frac{C(X_n X_{n-1})}{C(X_{n-1})} \tag{3.3}$$

這樣就可以透過最大似然估計求得機率值，但是有個問題，在其他語料庫中出現次數很多的句子可能在當前語料庫中沒有，所以很難進行泛化。n-gram 模型的稀疏性問題有以下幾點。

(1) 如果要求的詞沒有在文字中出現，則分子的機率為 0。解決辦法是增加一個很小的值給對應的詞，這種方法叫作平滑，例如拉普拉斯平滑。這使詞表中的每個單字都至少有很小的機率。

(2) 如果第 n-1 個詞沒有出現在文字中，則分母的機率無法計算。解決辦法是使用 water is so transparent that 替代，這種方法叫作後退，保證作為條件的分母機率值存在。(還有其他平滑技術)

(3) 機率是一個大於 0 小於 1 的數，隨著相乘會變得很小，所以通常使用 log 的形式：$P_1P_2P_3P_4 = exp(\log P_1 + \log P_2 + \log P_3 + \log P_4)$。

(4) 提高 *n* 的值會使稀疏性變得更糟糕，還會增加儲存量，所以 *n*-gram 一般不會超過 5。

(5) 當 *n*>2 時，例如 trigram，可能需要在頭部增加兩個 start-token，讀者可自行驗證效果。

3.2.3 頻率與逆文件頻率

TF-IDF 即術語頻率 - 逆文件頻率，是一種數字統計，反映單字對集合或語料庫中文件的重要性。

術語頻率 (TF) 用於衡量術語 *t* 在文件 *d* 中出現的頻率：

$$\text{TF}_{t,d} = \frac{n_{t,d}}{\text{文件中的術語數}} \tag{3.4}$$

其中，在分子中，*n* 是術語 *t* 出現在文件 *d* 中的次數，因此，每個文件和術語將具有其自己的 TF 值。筆者將再次使用在詞袋模型中建構的相同詞彙表來顯示如何計算評論 2 的 TF：

評論 2：This movie is not scary and is slow

詞彙：This、movie、 is、very、scary、and、long、not、slow、spooky 和 good。評論 2 中的字數 =8，單字 This 的 TF =(評論 2 中出現 This 的次數)/(評論 2 中的術語數)= 1/8。

同樣有

TF(movie)=1/8

TF(is)=2/8=1/4

TF(very)=0/8=0

TF(scary)=1/8

TF(and)=1/8

TF(movie)=0/8

TF(not)=1/8

TF(slow)=1/8

TF(spooky)=0/8=0

TF(good)=0/8=0

所有術語和所有評論的術語頻率如表 3.2 所示。

▼ 表 3.2 評論術語 TF

術語	評論 1	評論 2	評論 3	TF(評論 1)	TF(評論 2)	TF(評論 3)
This	1	1	1	1/7	1/8	1/6
movie	1	1	1	1/7	1/8	1/6
is	1	2	1	1/7	1/4	1/6
very	1	0	0	1/7	0	0
scary	1	1	0	1/7	1/8	0
and	1	1	1	1/7	1/8	1/6
long	1	0	0	1/7	0	0
not	0	1	0	0	1/8	0
slow	0	1	0	0	1/8	0
spooky	0	0	1	0	0	1/6
good	0	0	1	0	0	1/6

逆文件頻率 (IDF) 用於衡量一個術語的重要性。演算法人員需要 IDF 值，因為僅計算 TF 不足以理解單字的重要性，下面是計算 IDF 的公式：

$$\text{IDF}_t = \log \frac{\text{文件數量}}{\text{包含單字 'This' 的文件數量}} \tag{3.5}$$

計算評論 2 中所有單字的 IDF 值：

IDF(This)=log(文件數量 / 包含單字 'This' 的文件數量)=log(3/3)=log(1)=0

同樣：

IDF(movie)=log(3/3)=0

IDF(is)=log(3/3)=0

IDF(not)=log(3/1)=log(3)=0.48

IDF(scary)=log(3/2)=0.18

IDF(and)=log(3/3)=0

IDF(slow)=log(3/1)=0.48

因此，整個詞彙表的 IDF 值如表 3.3 所示。

▼ 表 3.3 評論術語 IDF

術語	評論 1	評論 2	評論 3	IDF
This	1	1	1	0.00
movie	1	1	1	0.00
is	1	2	1	0.00
very	1	0	0	0.48
scary	1	1	0	0.18
and	1	1	1	0.00
long	1	0	0	0.48
not	0	1	0	0.48
slow	0	1	0	0.48
spooky	0	0	1	0.48
good	0	0	1	0.48

因此，讀者可以看到像 is、This、and 等詞被簡化為 0，並且重要性不大，而 scary、long、good 等詞更重要，具有較高的價值。

現在，演算法可以為語料庫中的每個單字計算 TF-IDF 分數。得分較高的單字更重要，得分較低的單字則不太重要：

TF-IDF(This, 評論 2)=TF(This, 評論 2)×IDF(This)=1/8×0=0

TF-IDF(movie, 評論 2)=1/8×0=0

TF-IDF(is, 評論 2)=1/4×0=0

TF-IDF(not, 評論 2)=1/8×0.48=0.06

TF-IDF(scary, 評論 2)=1/8×0.18=0.023

TF-IDF(and, 評論 2)=1/8×0=0

TF-IDF(slow, 評論 2)=1/8×0.48=0.06

同樣，針對所有評論計算所有單字的 TF-IDF 分數，如表 3.4 所示。

▼ 表 3.4 評論術語 TF-IDF

術語	評論 1	評論 2	評論 3	IDF	TF-IDF (評論 1)	TF-IDF (評論 2)	TF-IDF (評論 3)
This	1	1	1	0.00	0.000	0.000	0.000
movie	1	1	1	0.00	0.000	0.000	0.000
is	1	2	1	0.00	0.000	0.000	0.000
very	1	0	0	0.48	0.068	0.000	0.000
scary	1	1	0	0.18	0.025	0.022	0.000
and	1	1	1	0.00	0.000	0.000	0.000
long	1	0	0	0.48	0.068	0.000	0.000
not	0	1	0	0.48	0.000	0.060	0.000
slow	0	1	0	0.48	0.000	0.060	0.000
spooky	0	0	1	0.48	0.000	0.000	0.080
good	0	0	1	0.48	0.000	0.000	0.080

　　總結一下本節所涉及的內容：詞袋只建立一組向量，其中包含文件中單字出現的次數（審閱），而 TF-IDF 模型包含較重要單字和次重要單字的資訊。詞袋向量易於解釋，但是，TF-IDF 通常在機器學習模型中表現更好。對於 n-gram 而言，利用前面的幾個詞來預測後面最有可能出現的幾個詞，效果也是很好的，直到今日在各個搜尋引擎中的應用廣泛。

3.3　深度學習與自然語言處理

　　深度學習目前雖然處於火熱的發展階段，但是不管是從理論方面來講還是從實踐方面來講都有許多問題待解決。不過，我們處在一個巨量資料時代，而且隨著運算資源的大幅提升，新模型、新理論的驗證週期會更短。人工智慧時代的開啟必然很大程度地改變這個世界，不管是從交通、醫療、購物、軍事等方面，還是涉及每個人生活的各方面。或許我們處於最好的時代，也或許我們處於最不好的時代，但是未來無法預知，我們要做的是不斷學習。本節將介紹在深度學習的發展過程中那些沉澱下來的經典模型，也是後面章節要講的一些預訓練模型的組成部分。

單字嵌入是文件詞彙表最流行的表示形式之一。它能夠大幅地捕捉文件中單字的上下文、語義及句法相似性，還有與其他單字的關係等。那麼單字嵌入底是什麼？廣義上來講，它們是特定單字在向量上的表示形式。話雖如此，但如何生成它們？更重要的是，它們如何捕捉上下文？

Word2Vec 模型是使用淺層神經網路學習單字嵌入最流行的技術之一，它是由 Tomas Mikolov 於 2013 年開發的。雖然 Word2Vec 是淺層神經網路學習，但它是深度學習極其重要的組成部分，所以把這部分內容放在本節，接下來將介紹 Word2Vec 這一里程碑的模型系統結構和最佳化程式，它可用於從大型態資料集中學習單字嵌入。透過 Word2Vec 學習的嵌入已被證明在各種下游自然語言處理任務上都是成功的。

考慮以下類似的句子：Have a good day 和 Have a great day。它們幾乎沒有不同的含義。如果建構一個詳盡的詞彙表 (稱其為 V)，則其 V={Have,a,good,great,day }。

現在，為 V 中的每個單字建立一個 One-Hot(單字獨熱編碼向量)。單字獨熱編碼向量的長度將等於 V 的大小 (5)。除了索引中表示詞彙表中相應單字的元素外，演算法將有一個零向量。該特定元素將只有一個。下面的編碼可以更進一步地說明這一點。

Have= [1,0,0,0,0]'；a = [0,1,0,0,0]'；good = [0,0,1,0,0]'；great = [0,0,0,1,0]'；day = [0,0,0,0,1]'(' 代表轉置)。

嘗試視覺化這些編碼，可以得到一個五維空間，其中每個單字佔據一維，而與其餘單字無關。這表示 good 與 great 一樣，這是不正確的。

演算法的目標是使上下文相似的單字佔據緊密的空間位置。在數學上，此類向量之間的角度的餘弦值應接近 1，即角度接近 0，如圖 3.2 所示。

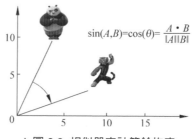

$$sin(A,B)=cos(\theta)=\frac{A \cdot B}{|A||B|}$$

▲ 圖 3.2 相似單字計算餘旋度

　　這裡是生成分散式表示, 直觀來看, 筆者引入了一個單字對另一個單字的某種依賴性。在該詞的上下文中的詞將在這種依賴性中獲得更大的權重。如前面提到的, 在一個獨熱編碼表示中, 所有的字都是彼此獨立的。

　　Word2Vec 是一種構造此類嵌入的方法。Word2Vec 的實現可以使用兩種方法 (都涉及神經網路) 來獲得：跳過語法 (Skip-Gram) 和通用單字袋 (CBoW)。

　　CBoW 模型將每個單字的上下文作為輸入, 並嘗試預測與上下文相對應的單字。例如 Have a great day。

　　假設輸入神經網路的詞為 great。需要注意, 這裡筆者嘗試使用單一上下文輸入單字 great 預測目標單字 (day)。更進一步地, 筆者使用輸入字的一種獨熱編碼, 並與目標字的一種獨熱編碼 (day) 相比, 測量輸出誤差。在預測目標詞的過程中, 模型學習目標詞的向量表示。詳細的結構如圖 3.3 所示。

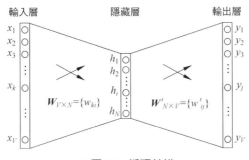

▲圖 3.3　編碼結構

　　其中, 輸入或上下文詞是一個長度為 V 的獨熱編碼向量。隱藏層包含 N 個神經元, 輸出也是 V 長度向量, 其元素為 Softmax 值。隱藏層神經元僅將輸入的加權總和複製到下一層。沒有像函式 tanh 或 ReLU 這樣的啟動。唯一的非線性是輸出層中的 Softmax 計算, 但是, 以上模型使用單一上下文詞來預測目標。筆者可以使用多個上下文詞來做同樣的事情, 如圖 3.4 所示。

　　圖 3.4 所示的模型採用 C 個上下文詞。當 $W_{v\times n}$ 用於計算隱藏層輸入時, 對這些上下文詞 C 輸入取平均值, 因此, 讀者已經看到了如何使用上下文單字生成單字表示形式, 但是, 還有另一種方法可以做到這一點：使用目標詞 (為了生成其表示形式) 來預測上下文, 並在此過程中生成相應的表示形式。Skip-Gram 模型的變形可以做到這一點。

Skip-Gram 模型如圖 3.5 所示。

看起來上下文 CBoW 模型剛剛被翻轉，在某種程度上這樣理解是對的。演算法將目標詞輸入網路，該模型輸出 C 個機率分佈。這是什麼意思？對於每個上下文位置，演算法獲得 C 個 V 維度的機率分佈，每個單字都有一個。在這兩種情況下，網路都使用反向傳播進行學習。整體來講，兩者都有自己的優點和缺點。Skip-Gram 可以極佳地處理少量資料，並且可以極佳地代表稀有單字；CBoW 速度更快，對於更頻繁的單字具有更好的表示。

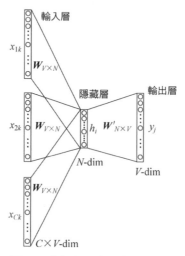

▲ 圖 3.4 多個上下文詞處理的示意圖

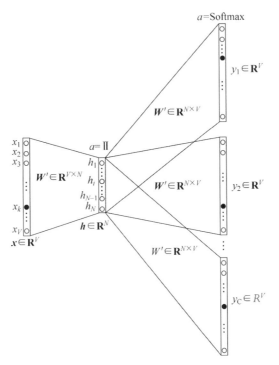

▲ 圖 3.5 利用 Skip-Gram 生成表示形式結構圖

3.4　小結

　　本章介紹了最初解決自然語言任務時利用的一些簡單的規則,例如詞頻、聚合度、自由度和編輯距離等,發展到後面可以利用一些機器學習方法出色地完成一些相對簡單的任務,不過隨著社會的發展,演算法面臨的任務也越來越複雜。如今是巨量資料時代,機器學習的方法所帶來的效果也遇到很多瓶頸,同時在社會快速發展的推動下,現如今的計算力和硬體技術也獲得了快速發展,模型的驗證週期也更短,這些都是深度學習模型快速發展的「催化劑」,同時本章還介紹了目前流行的淺層深度學習模型。

第 4 章
無監督學習的原理與應用

第 3 章介紹了自然語言處理的歷史處理程序，從其整體的發展史上明確了無監督學習對自然語言處理的重要性。無監督學習在自然語言處理 (Nature Language Processing，NLP) 領域是一種強大的技術，由這種技術訓練出來的模型，稱為預訓練模型。

預訓練模型首先要針對資料豐富的任務進行預訓練，然後針對下游任務進行微調，以達到下游任務的最佳效果。預訓練模型的有效性引起了理論和實踐的多樣性，人們透過預訓練模型與下游任務結構相結合，可以高效率地完成各種 NLP 的實際任務。

4.1 淺層無監督預訓練模型

使語言建模和其他學習問題變得困難的基本問題是維數的「詛咒」。在人們想要對許多離散的隨機變數 (舉例來說，句子中的單字或資料探勘任務中的離散屬性) 之間的聯合分佈建模時，這一點尤其明顯。

舉個例子，假如有 10000 個單字的詞彙表，演算法人員要對它們進行離散表示，用獨熱編碼整個詞彙表就需要 10000×10000 的矩陣，而獨熱編碼矩陣存在很多 0 值，顯然浪費了絕大部分的記憶體空間。為了解決維度「詛咒」帶來的問題，人們開始使用低維度的向量空間表示單字，從而減少運算資源的損耗，這也是無監督預訓練模型思想的開端。

第 3 章提及了 Word2Vec 等淺層無監督模型。淺層無監督模型對 NLP 任務的處理效果有顯著的提升，並且能夠利用更長的上下文。對於淺層無監督模型具體的原理，第 3 章已經進行了詳細講解，在此不再贅述。

4.2 深層無監督預訓練模型

4.2.1 BERT

在 2018 年，什麼震驚了 NLP 學術界？毫無疑問是 Jacob Devlin 等[1] 提出的預訓練模型 (Bidirectional Encoder Representations from Transformers，BERT)。BERT 模型被設計為透過在所有層的雙向上下文上共同進行條件化來預訓練未標記文字的深層雙向表示。演算法人員可以在僅使用一個附加輸出層的情況下對經過預訓練的 BERT 模型進行微調，以建立適用於各種任務 (舉例來說，問題解答和語言推斷) 的最新模型，進而減少對 NLP 任務精心設計特定系統結構的需求。BERT 是第 1 個基於微調的表示模型，可在一系列句子級和字元級任務上實現最高性能，優於許多特定任務的系統結構。

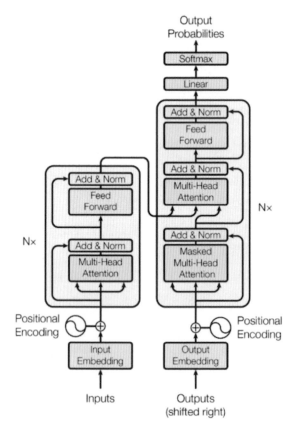

▲ 圖 4.1 Transformers 結構 (左圖為編碼器，右圖為解碼器)[2]

通俗來講，讀者只需把 BERT 模型當成一個深層次的 Word2Vec 預訓練模型，對於一些特定的任務，只需要在 BERT 模型之後接一些網路結構就可以出色地完成這些任務。另外，2018 年底提出的 BERT 推動了 11 項 NLP 任務的發展。BERT 模型結構來自 Transformers 模型的編碼器 (Encoder)，Transformers 模型的結構如圖 4.1 所示。讀者從圖 4.1 中可以看到 Transformers 的內部結構都由 Ashish Vaswani 等 [2] 提出的自注意層 (Self-Attention Layer) 和層歸一化 (Layer Normalization) 的堆疊而產生。

4.2.2　Self-Attention Layer 原理

Self-Attention Layer 是為了解決 RNN、LSTM 等常用於處理序列化資料的網路結構無法在 GPU 中並行加速度計算的問題。

如圖 4.2 所示，Self-Attention 將輸入 (Input) 轉化成 Token Embedding + Segment Embedding +Position Embedding。因為有時訓練樣本由兩句話組成，因此 [CLS] 用來分類輸入的兩句話是否有上下文關係，而 [SEP] 是用來分開兩句話的標識符號。

其中，因為這裡輸入的是英文單字，所以在灌入模型之前，需要用 BERT 原始程式的 Tokenization 工具對每個單字進行分詞，分詞後的形式如圖 4.2 中輸入的 playing 轉換成 play+##ing。因為英文詞彙表是透過詞根與詞綴的組合來新增單字語義的，所以筆者選擇用分詞方法減少整體的詞彙表長度。

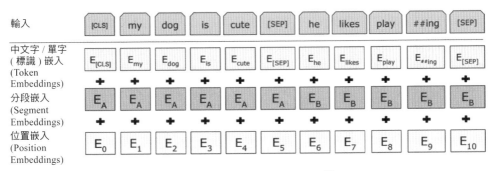

▲ 圖 4.2　Self-Attention 的輸入 [1]

如果是中文字元，則輸入不需要分詞，整段話的每個字用空格隔開即可。值得注意的是，模型是無法處理文字字元的，所以不管是英文還是中文，演算法都需要透過預訓練模型 BERT 附帶的字典 vocab.txt 將每個字或單字轉換成字典索引 (id) 輸入。

　　Segment Embedding 的目的：有些任務是兩句話一起放入輸入 X，而 Segment 便是用來區分這兩句話的。輸入使用 [SEP] 作為標識符號，[CLS] 用來分類輸入的兩句話是否有上下文關係。

　　Position Embedding 的目的：因為網路結構沒有 RNN 或 LSTM，所以演算法無法得到序列的位置資訊，需要建構一個 Position Embedding。建構 Position Embedding 有兩種方法：第 1 種是 BERT 初始化一個 Position Embedding，然後透過訓練將其學習出來；第 2 種是 Transformers 透過制定規則來建構一個 Position Embedding，即使用正弦函式，位置維度對應曲線，方便序列之間的選對位置，使用正弦比餘弦好的原因是可以在訓練過程中將原本的序列外拓成比原來序列還要長的序列，如式 (4.1) 和式 (4.2) 所示。

$$\text{PE}_{(\text{pos},2\text{i})} = \sin(\text{pos}/10\,000^{2i/d_{\text{model}}}) \tag{4.1}$$

$$\text{PE}_{(\text{pos},2\text{i}+1)} = \cos(\text{pos}/10\,000^{2i/d_{\text{model}}}) \tag{4.2}$$

4.2.3 Self-Attention Layer 的內部運算邏輯

　　首先，將矩陣 Q 與 K 相乘並規模化 (為了防止結果過大，除以它們維度的均方根)；其次，將其灌入 Softmax 函式得到機率分佈；最後與矩陣 V 相乘，得到 Self-Attention 的輸出，如式 (4.3) 和式 (4.4) 所示。其中，(Q,K,V) 均來自同一輸入 X，它們是 X 分別乘以 W_Q, W_K, W_V 初始化權值矩陣所得，而後這 3 個權值矩陣會在訓練的過程中確定下來，如圖 4.3 所示。

$$Q = XW_Q, \quad K = XW_K, \quad V = XW_V \tag{4.3}$$

$$\text{Attention}(Q,K,V) = \text{softmax}(QK^{\text{T}}/\sqrt{d_k})V \tag{4.4}$$

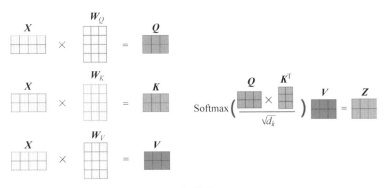

▲ 圖 4.3　初始化 (Q,K,V)

4.2.4　Multi-Head Self-Attention

　　透過線性 (Linear) 投影來初始化不同的 (*Q*,*K*,*V*)，將多個單頭的結果融合會比單頭 Self-Attention 的效果好。可以將初始化不同的 (*Q*,*K*,*V*) 理解為單頭從不同的方向去觀察文字，這樣使 Self-Attention 更加具有大局觀。整體的運算邏輯是 Multi-Head Self-Attention 將多個不同單頭的 Self-Attention 輸出成一條，然後經過一個全連接層降維輸出，如圖 4.4 所示。

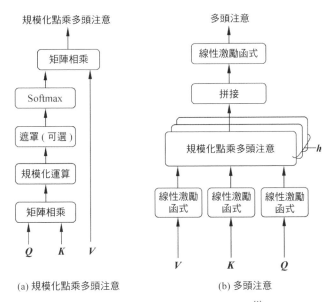

▲ 圖 4.4　Multi-Head Self-Attention[1]

4.2.5 Layer Normalization

Self-Attention 的輸出會經過層歸一化，為什麼選擇層歸一化而非批歸一化 (Batch Normalization)？此時，應先對模型輸入的資料形狀有個直觀的認識，當一批 (Batch) 資料登錄模型時，形狀是長方體，如圖 4.5 所示，大小為 (batch_size, max_len, embedding)，其中 batch_size 為批數，max_len 為每批資料的序列最大長度，embedding 則為每個單字或字的權重維度大小。

因此，批歸一化是對每批資料的每列做歸一化，相當於對批資料裡相同位置的字或單字的字向量做歸一化；而層歸一化則是對批資料的每行做歸一化，相當於對每句話的字向量做歸一化。顯然，層歸一化更加符合處理文字的直覺。

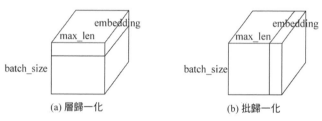

▲ 圖 4.5 歸一化

4.2.6 BERT 預訓練

BERT 預訓練如圖 4.6 所示。預訓練過程是生成 BERT 模型的過程。

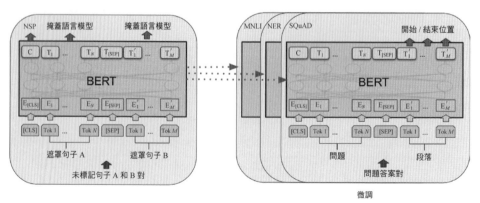

▲ 圖 4.6 預訓練與微調過程 [1]

　　一般來講，個人用不著自己訓練一個 BERT 預訓練模型，而是直接呼叫模型的權重，進行微調 (Fine-Tune) 以適應當前特定任務，但讀者可以了解一下 BERT 是怎麼訓練出來的。輸入 X 是自注意層的輸入，利用字典將每個字或單字用數字表示，並轉換成 Token Embedding+Segment Embedding+Position Embedding。序列的長度一般為 512 或 1024，若不足，則用 [PAD] 補充。句子開頭第 1 個位置用 [CLS] 表示，如果輸入兩句話，則用 [SEP] 隔開。

　　(1) MaskLM 策略：對於輸入 X，15% 的字或英文單字採用隨機掩蓋策略。對於這 15% 的字或英文單字，80% 的機率用 [mask] 替換序列中的某個字或英文單字，10% 的機率替換序列中的某個字或英文單字，10% 的機率不做任何變換，模型透過預測被掩蓋的字或英文單字 (MaskLM) 的方式來獲得字元的文字資訊。

　　(2) NSP 策略：預測兩句話之間是否有順序關係 (Next Sentence Prediction, NSP)。

　　預訓練採用兩種預訓練方式：MaskLM 策略和 NSP 策略，兩者同時進行，並且預訓練語料總量為 330 億語料。

　　這裡需要補充說明的是，NLP 的預訓練模型與電腦視覺的預訓練模型有些許不同，NLP 的預訓練方式採用的是無監督學習，即不需要人工打標籤，而電腦視覺則需要對影像進行人工分類。因為 NLP 的預訓練正如筆者所說，只是預測被掩蓋的字或英文單字，以及判斷兩段話是否有順序關係，這些只需寫個小程式就可以輕鬆得到相應的標籤，無須人工進行大量標記。

　　最後經過大量語料的無監督學習，演算法人員獲得了 BERT 預訓練模型，BERT 附帶字典 vocab.txt 的每個字或英文單字都被 768 維度的權重所表示。當演算法人員需要完成特定任務時，若對它們的權重進行微調，則能更進一步地適應任務。

4.2.7　BERT 的微調過程

　　微調過程如圖 4.6 所示。可以選擇是否微調，如果不選擇微調，則表示簡單地使用 BERT 的權重，把它完全當成文字特徵提取器使用；如果使用微調，則相當於在訓練過程中微調 BERT 的權重，以適應當前的任務。文章提及如果選擇下面這幾個參數進行微調，則任務的完成度會比較好。

(1) Batch Size：16，32；

(2) Learning Rate： 5e-5, 3e-5, 2e-5；

(3) Epochs：2, 3, 4。

4.3 其他預訓練模型

無監督學習給預訓練模型帶來了顯著提升，但要確定方法的哪些方面貢獻最大是具有挑戰性的。因為訓練在計算上是昂貴的，限制了可以完成的調整量，並且經常使用大小不同的私人訓練資料進行，從而限制了測量建模進展影響的能力。為此，很多人針對 BERT 模型的相關缺陷進行了最佳化，提出了在某一任務領域優於 BERT 的預訓練模型。

4.3.1 RoBERTa

Liu Yinhan 等 [3] 認為超參數的選擇對最終結果有重大影響，為此他們提出了 BERT 預訓練的重複研究，其中包括對超參數調整和訓練集大小影響的仔細評估。最終，他們發現了 BERT 預訓練的不足，並提出了一種改進的模型來訓練 BERT 模型 (A Robustly Optimized BERT Pre-training Approach，RoBERTa)，該模型可以媲美或超過所有 Post-BERT 的性能，而且對超參數與訓練集的修改也很簡單，包括：

(1) 訓練模型時間更長，批資料的大小更大，資料更多。

(2) 刪除下一句預測目標 (Next Sentence Prediction)。

(3) 對較長序列的訓練。

(4) 動態掩蓋應用於訓練資料的掩蓋模式。在 BERT 原始程式中，隨機掩蓋和替換在開始時只執行一次，並在訓練期間儲存，可以將其看成靜態掩蓋。BERT 的預訓練依賴於隨機掩蓋和預測被掩蓋的字或單字。為了避免在每個迭代中對每個訓練實例使用相同的掩蓋，文獻 [4] 的作者將訓練資料重複 10 次，以便在 40 個迭代中以 10 種不同的方式對每個序列進行遮罩，因此，每個訓練序列在訓練過程中都會看到 4 次相同的掩蓋。他們將靜態掩蓋與動態掩蓋進行了比較，證明了動態掩蓋的有效性。

(5) 他們還收集了一個大型新資料集 (CC-NEWS)，其大小與其他私有資料集相當，以更進一步地控制訓練集的大小。

(6) 使用 Sennrich 等提出的 Byte-Pair Encoding (BPE) 字元編碼，它是字元級和單字級表示之間的混合體，可以處理自然語言語料庫中常見的大詞彙，避免訓練資料出現更多的 [UNK] 標記符號，影響預訓練模型的性能。其中，[UNK] 標記符號表示當在 BERT 附帶字典 vocab.txt 中找不到某個字或英文單字時用 [UNK] 表示。

4.3.2 ERNIE

受到 BERT 掩蓋策略的啟發，Yu Sun 等 [5] 提出了一種新的語言表示模型 ERNIE (Enhanced Representation through kNowledge IntEgration)。ERNIE 旨在學習透過知識掩蓋策略增強模型的性能，其中包括實體級掩蓋和短語級掩蓋，兩者的對比如圖 4.7 所示。

▲ 圖 4.7 3 種掩蓋策略對比 [5]

實體級策略通常可掩蓋由多個單字組成的實體。短語級策略可掩蓋由幾個單字組合成一個概念單元的整個短語。實驗結果表明，ERNIE 優於其他基準方法，在 5 種中文自然語言處理上獲得了最新的任務，包括自然語言推理、語義相似性、命名實體辨識、情感分析和問題解答。他們還證明了 ERNIE 在克漏字測試中具有更強大的知識推理能力。知識掩蓋策略如圖 4.8 所示。

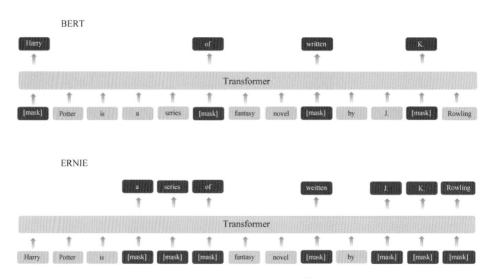

▲ 圖 4.8 知識掩蓋策略 [5]

4.3.3 BERT_WWM

BERT 已在各種 NLP 任務中進行改進,因此基於 BERT 的改進模型接踵而至,帶有全字掩蓋 (Whole Word Masking,WWM) 的 BERT 升級版本 BERT_WWM 便是其中之一,它減輕了預訓練過程中掩蓋部分 Word Piece 字元的弊端。其中,Word Piece 字元其實是筆者在 4.2.1 節介紹的英文單字分詞,在將英文單字輸入模型之前,需要將其轉換成詞根 + 詞綴的形式,如 Playing 轉換成 Play+##ing。如果使用原生 BERT 的隨機掩蓋,可能會掩蓋 Play 或 ##ing 或同時掩蓋兩者,但如果使用全字掩蓋,則一定掩蓋兩者。

Cui Yiming 等 [6] 對中文文字也進行了全字遮罩,這會掩蓋整個片語,而非掩蓋中文字元。實驗結果表明,整個中文片語被掩蓋可以帶來顯著的收益。BERT_WWM 的掩蓋策略本質上和 ERNIE 是相同的,所以在此不進行過多分析。BERT_WWM 掩蓋策略如圖 4.9 所示。

[Original BERT Input]
使用語言 [MASK] 型 [MASK] 測下一個詞的 pro [MASK] ##lity。
[Whold Word Masking Input]
使用語言 [MASK] [MASK] 來 [MASK] [MASK] 下一個詞的 [MASK] [MASK] [MASK]。

▲ 圖 4.9 BERT_WWM 掩蓋策略 [6]

4.3.4 ALBERT

ALBERT[7] 的整體原理與 BERT 的原理差不多。最大的特點是它減少了參數量，並維持了 BERT 的性能，但它只是降低了空間複雜度，把參數量從 108MB 降到了 12MB，但並沒有降低時間複雜度。用 ALBERT 進行預測的速度並沒有加快，甚至在同等性能的模型對比中還慢了。也就是說，ALBERT 降低了參數量，但並不減少計算量。

那麼，ALBERT 是怎麼降低參數量的呢？主要透過矩陣分解 (Factorized Embedding Parameterization) 和跨層參數共用 (Cross-layer Parameter Sharing) 兩大機制。

1. 矩陣分解

BERT 的權重大小為詞彙表的長度 V 乘以每個字／單字權重隱藏層大小 H：$V \times H$。

ALBERT 透過參數 E 來分解這個權重矩陣，讓整體權重參數變小，將 $V \times H$ 轉換成 $V \times E + E \times H$，當 E 遠遠小於 H 時，模型所需的參數將大大減少。實驗證明參數 $E=128$ 時，效果最佳。

2. 跨層參數共用

透過分析，矩陣分解並不是降低模型參數量的最大貢獻者，跨層參數共用是 ALBERT 的重中之重，因為它的存在減少了 BERT 模型的絕大部分參數。

跨層參數共用的機制非常簡單，單獨用一個自注意層循環 12 次，每層的參數都一樣。這樣演算法就可以用 1 層的參數量來表示 12 層的參數，為此，模型的參數大大降低。

為什麼這個機制能有效？筆者曾經給 BERT 的每層參數做了分析，發現每層的參數基本相似，因此將它們直接共用了。在保持模型性能下降不太厲害的同時，選擇所有層次參數共用，降低的參數量是最多的，所以，ALBERT 預設所有層次參數共用。

很多 BERT 類的模型在預訓練的過程中放棄了 NSP 任務，因為 NSP 任務不僅沒給下游任務的效果帶來提升，反而降低了整體的性能。為此，ALBERT 同樣也放棄了 NSP 任務，改用 SOP(Sentence Order Prediction) 任務作為預訓練任務。

SOP 任務也很簡單，它的正例和 NSP 任務一致 (判斷兩句話是否有順序關係)，反例則是判斷兩句話是否為反序關係。

舉個例子。

正例：1. 朱元璋建立的明朝。2. 朱元璋處決了藍玉。

反例：1. 朱元璋處決了藍玉。2. 朱元璋建立的明朝。

雖然 ALBERT 降低了參數量，但它並沒有提高預測速度。出現這種情況的原因很簡單，BERT 由 12 個自注意層堆疊而成，ALBERT 同樣也由 12 個自注意層堆疊而成，在預測時，張量 (Tensor) 都需要經過 12 個自注意層，所以速度並沒有提升。

4.3.5 Electra

Electra[8] 採用的預訓練方式是 GAN 思想主導的預訓練，BERT 直接採用 15% 的 [MASK] 掩蓋某些字元 (Token)，讓模型在預訓練過程中預測被掩蓋的字元。

而 Electra 則將這個思想用在 GAN 的生成器中，先隨機掩蓋一些字元，然後用一個生成器 (Generator) 對被掩蓋的字元生成相應的偽字元 (Fake Token)，而判別器 (Discriminator，也就是 Electra) 用來判斷哪些字元被更換過，文獻 [8] 的作者將這個預訓練任務稱為 RTD(Replaced Token Detection)，如圖 4.10 所示。

文獻 [8] 的主要貢獻是提出了一種最新的 BERT 類模型的預訓練方式 —— RTD。關鍵思想是訓練文字判別器，以區分輸入 Token 與由小型生成器網路產生的高品質負樣本。與 MLM(Masked Language Modeling，也就是 BERT 的預訓練方式) 相比，它的預訓練目標具有更高的計算效率，並且可以在下游任務上實現更高的性能。即使使用相對較少的計算量，也能極佳地工作。

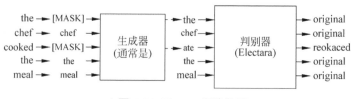

▲ 圖 4.10 Electra 網路結構

4.3.6 NEZHA

預訓練語言模型由於具有透過對大型語料庫進行預訓練來捕捉文字中深層上下文資訊的能力，因此在各種自然語言理解 (Nature Language Understanding，NLU) 任務中均獲得了巨大成功，然而，當前中文預訓練模型 BERT 仍然存在很大的最佳化空間。

為此，在中文語料庫上進行預訓練的語言模型 NEZHA[9](NEural contextualiZed representation for cHinese lAnguage understanding) 針對 BERT 在中文資料集上的不足進行了最佳化。其中包括作為有效位置編碼方案的功能相對位置編碼、全字掩蓋策略、混合精度訓練及用於訓練模型的 LAMB 最佳化器。

1. 相對位置編碼

BERT 中的多頭注意力機制是只換不變的，因為 BERT 對詞序資訊並不敏感，因此，BERT 的 Position Embedding 直接被合併進了 Token Embedding 中，相當於直接弱化了 BERT 對序列資料位置資訊的注意力。

NEZHA 透過修改式 (4.3) 與式 (4.4)，得到式 (4.5)~ 式 (4.8)，進而補充相對位置資訊。

$$e_{ij} = \boldsymbol{Q}\boldsymbol{K}^{\mathrm{T}} / \sqrt{d_k} \tag{4.5}$$

$$a_{ij} = \mathrm{Softmax}(e_{ij}) \tag{4.6}$$

$$\boldsymbol{V} = \sum_{j=1}^{n} a_{ij}(XW_{\boldsymbol{V}} + a_{ij}^{\boldsymbol{V}}) \tag{4.7}$$

$$\mathrm{Attention}(\boldsymbol{Q}, \boldsymbol{K}, \boldsymbol{V}) = \mathrm{Softmax}\left(\frac{\boldsymbol{Q}K^{\mathrm{T}} + \boldsymbol{Q}a_{ij}^{\mathrm{KT}}}{\sqrt{d_k}}\right)\boldsymbol{V} \tag{4.8}$$

其中，a_{ij}^{V} 和 a_{ij}^{KT} 分別是位置 i 與位置 j 的相對位置編碼，由式 (4.9) 與式 (4.10) 所定義，d 為權重的維度大小。

$$a_{ij}[2k] = \sin\left(\frac{j-i}{10000^{\frac{2k}{d}}}\right) \tag{4.9}$$

$$a_{ij}[2k+1] = \cos\left(\frac{j-i}{10000^{\frac{2k}{d}}}\right) \tag{4.10}$$

2. 全字掩蓋策略

在 BERT 中，每個標記或中文字都被隨機遮罩，然而，實驗發現全字掩蓋策略比隨機掩蓋策略更加有效。在 WWM 中，一旦一個中文字被掩蓋，則與其屬於同一片語的其他字元都被一起掩蓋，如圖 4.11 所示。

▲圖 4.11 BERT 隨機掩蓋策略與 NEZHA 全詞掩蓋對比

3. 混合精度訓練

混合精度訓練是指在訓練中採用混合精度。混合精度訓練技術可以將訓練速度提高 2~3 倍，還可以減少模型的空間消耗，從而使用更大的批資料進行訓練，而按照慣例，深度神經網路的訓練使用參與訓練的 FP32 精度。

具體來講，混合精度訓練在模型中維護權重的單精度副本。在每次訓練迭代中，它將主權重四捨五入為 FP16，並以 FP16 格式儲存權重，啟動和漸變執行前向和後向傳遞，最後將漸變轉為 FP32 格式並使用 FP32 梯度更新主權重。

4. LAMB 最佳化器

LAMB 最佳化器專為深度神經元網路的大量同步分佈訓練而設計。使用大型迷你批次訓練 DNN 是加快訓練速度的有效方法，但是，如果不仔細調整學習率的時間表，當批次大小超過特定設定值時，性能可能會受到很大影響。

LAMB 最佳化器不是手動調整學習速率，而是採用通用的適應策略，同時透過理論分析提供對收斂的洞察。最佳化程式透過非常大的批大小來加快 BERT 的訓練，不會造成性能損失，甚至在許多工作中獲得了高性能。很明顯地，使用該最佳化器，BERT 的訓練時間從 3 天減少到 76 分鐘。

實驗結果表明，NEZHA 在微調幾個具有代表性的中文任務時達到了非常高的性能，包括命名實體辨識 (人民日報 NER)、句子匹配 (LCQMC)、中文情感分

類 (ChnSenti) 和自然語言推斷 (XNLI)。

因此，本書將使用 NEZHA 作為實驗的基準預訓練模型。

4.3.7　NLP 預訓練模型對比

Word2Vec 等模型已經比不上 BERT 與後續改進的 BERT 的預訓練模型了，除非演算法對時間與空間複雜度要求非常苛刻，只能用小模型去完成某些特定任務，否則一般考慮用 BERT 之類的大模型來提升整體任務的準確率。

最後值得一提的是，自 BERT 從天而降之後，現在的預訓練模型便如雨後春筍般層出不窮。不過，只要掌握 BERT 的核心原理，讀者大致就可以快速了解一個新的預訓練模型的原理，它們大多是基於 BERT 現有的缺陷進行改進的。

4.4　自然語言處理四大下游任務

正如第 4.3 節所講，BERT 等預訓練模型的提出，簡化了對 NLP 任務精心設計特定系統結構的需求，演算法人員只需要在 BERT 等預訓練模型之後接一些網路結構，便可以出色地完成特定任務。原因也非常簡單，BERT 等預訓練模型透過大量語料的無監督學習，已經將語料中的知識遷移進預訓練模型的權重中，為此只需要再針對特定任務增加結構進行微調，便可以適應當前任務，這也是遷移學習的魔力所在。BERT 在概念上很簡單，在經驗上也很豐富。它推動了 11 項自然語言處理任務的最新技術成果，而這 11 項自然語言處理任務可分類為四大自然語言處理下游任務。為此，筆者將以 BERT 預訓練模型為例，對自然語言處理的四大下游任務介紹。

4.4.1　句子對分類任務

Williams 等 [10] 提出的多體自然語言推理 (Multi-Genre Natural Language Inference) 是一項大規模的分類任務。給定一對句子，目標是預測第 2 個句子相對於第 1 個句子是包含、矛盾還是中立的。

Chen 等 [11] 提出的 Quora Question Pairs 是一個二分類任務，目標是確定在 Quora 上詢問的兩個問題在語義上是否等效。

Wang 等 [12] 出 的 Question Natural Language Inference 是 Stanford Question Answering 資料集 [24] 的版本，該資料集已轉為二分類任務。正例是 { 問題 , 句子 }，它們確實包含正確答案，而負例是同一段中的 { 問題 , 句子 }，不包含答案。

Cer 等 [13] 提 出 的 語 義 文 字 相 似 性 基 準 (The Semantic Textual Similarity Benchmark) 是從新聞頭條和其他來源提取的句子對的集合。用分數 1~5 標注，表示這兩個句子在語義上有多相似。

Dolan 等 [14] 提出的 Microsoft Research Paraphrase Corpus 由自動從線上新聞來源中提取的句子對組成，並帶有人工標注，以說明句子對中的句子在語義上是否等效。

Bentivogli 等 [15] 提出的辨識文字蘊含 (Recognizing Textual Entailment) 是類似於 MNLI 的二進位蘊含任務，但是訓練資料少得多。

Zellers 等 [16] 提出的對抗生成的情境 (Situations with Adversarial Generations) 資料集包含 113000 個句子對完整範例，用於評估紮實的常識推理。給定一個句子，在 4 個選項中選擇最合理的連續性。其中，在 SWAG 資料集上進行微調時，演算法人員根據以下操作構造訓練資料：每個輸入序列都包含給定句子 (句子 A) 和可能的延續詞 (句子 B) 的串聯。

如圖 4.12(a) 所示，對於分類任務首先需要將兩個句子用 [SEP] 連接起來，並輸入模型，然後給預訓練模型增加一個簡單的分類層，這樣便可以在下游任務上共同對所有參數進行微調了。具體的運算邏輯是引入唯一特定於任務的參數分類層權重矩陣 $[W]_{K \times H}$，並取 BERT 的第 1 個輸入標記 [CLS] 對應的最後一層向量 $[C]_H$。透過式 (4.11) 計算分類損失 loss，這樣演算法就可以進行梯度下降的訓練了。

$$\text{loss} = \log(\text{Softmax}([C]_H [W]_{K \times H}^{\mathrm{T}})) \tag{4.11}$$

其中，K 為標籤種類，H 為每個字或英文單字的隱藏層維度 (768)。

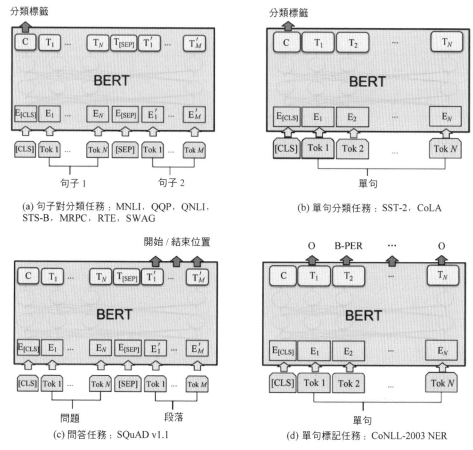

(a) 句子對分類任務：MNLI，QQP，QNLI，STS-B，MRPC，RTE，SWAG

(b) 單句分類任務：SST-2，CoLA

(c) 問答任務：SQuAD v1.1

(d) 單句標記任務：CoNLL-2003 NER

▲ 圖 4.12　NLP 四大下游任務微調插圖 [1]

4.4.2　單句子分類任務

Socher 等 [17] 提出的史丹佛情感樹庫 (Stanford Sentiment Treebank) 是一種單句二分類任務，包括從電影評論中提取的句子及帶有其情緒的人類標注。

Warstadt 等 [18] 提出的語言可接受性語料庫 (Corpus of Linguistic Acceptability) 也是一個單句二分類任務，目標是預測英文句子在語言上是否「可以接受」。

如圖 4.12(b) 所示，單句子分類任務可以直接在預訓練模型中增加一個簡單的分類層，而後便可在下游任務上共同對所有參數進行微調了。具體運算邏輯如式 (4.11) 所示。

4.4.3 問答任務

Rajpurkar 等 [19] 提 出 的 史 丹 佛 問 答 資 料 集 (Stanford Question Answering Dataset，SQuAD) 是 10 萬個問題 / 答案對的集合。給定一個問題及維基百科中包含答案的段落，便可預測段落中的答案文字範圍 (start, end)。

到目前為止，所有提出的 BERT 微調方法都是在預訓練模型中增加了一個簡單的分類層，並且在下游任務上共同對所有參數進行了微調，然而，並非所有任務都可以輕鬆地由 BERT 系統結構表示，因此需要增加特定於任務的模型系統結構。如圖 4.12(c) 所示，閱讀理解任務首先需要將問題和文字用 [SEP] 連接起來，並輸入模型，然後再將 BERT 最後一層向量 $[C]_{L \times H}$ 輸入輸出層。具體的運算邏輯是初始化輸出層的權重矩陣 $[W]_{K \times H}$，並透過式 (4.12) 計算答案指標機率向量 *logit*。

$$logit = [C]_{L \times H} [W]_{K \times H}^{\mathrm{T}} \tag{4.12}$$

其中，H 為隱藏層維度 (768)，L 為序列的長度，K 為 2，表示 *logit* 是個 L 行 2 列的矩陣，第 1 列為答案開頭 (start) 的指標機率向量，第 2 列為答案結尾 (end) 的指標機率向量。

因為 K 為 2，所以能分別抽出答案的開頭 start_logit 和答案的結尾 end_logit，並根據兩者與真實答案對 (start, end) 之間的差值計算 start_loss 和 end_loss，最後求出總的 loss，如式 (4.13) 所示，這樣演算法便可以進行梯度下降訓練了。

$$loss = \frac{start\_loss + end\_loss}{2} \tag{4.13}$$

4.4.4 單句子標注任務

單句子標注任務也叫命名實體辨識任務 (Named Entity Recognition，NER)，常見的 NER 資料集有 CoNLL-2003 NER[20] 等。該任務用於辨識文字中具有特定意義的實體，主要包括人名、地名、機構名稱、專有名詞等，以及時間、數量、貨幣、比例數值等文字。舉個例子，「明朝建立於 1368 年，開國皇帝是朱元璋。介紹完畢！」那麼演算法人員可以從這句話中提取出的實體為

(1) 機構：明朝。

(2) 時間：1368 年。

(3) 人名：朱元璋。

同樣地，BERT 在 NER 任務上也不能透過增加簡單的分類層進行微調，因此需要增加特定的系統結構來完成 NER 任務。不過，在此之前，讀者需先了解一下資料集的格式，如圖 4.13 所示。它的每行由一個字及其對應的標注組成，標注採用 BIO(B 表示實體開頭，I 表示在實體內部，O 表示非實體)，句子之間用一個空行隔開。當然了，如果演算法人員處理的文字含有英文，則標注需採用 BIOX，X 用於標注英文單字分詞之後的非首單字，例如 Playing 在輸入 BERT 模型前會被 BERT 附帶的標識工具分詞為 Play 和 ##ing，此時 Play 被標注為 O，多餘出來的 ##ing 被標注為 X。

▲ 圖 4.13　NER 資料格式

了解了整體的資料格式後，讀者就可以開始了解整體的 NER 任務是如何透過 BERT 訓練的。如圖 4.12(d) 所示，將 BERT 最後一層向量 $[C]_{L \times H}$ 輸入輸出層。具體運算邏輯是初始化輸出層的權重矩陣 $[W]_{K \times H}$，此時 K 為 1。透過式 (4.12) 得到句子的機率向量 *logit*，進而知道了每個字或英文單字的標注機率，這樣模型就可以直接透過計算 *logit* 與真實標籤之間的差值得到 loss，從而開始梯度下降訓練。

演算法人員也可以將 *logit* 輸入 Bi-LSTM 進行學習，因為 Bi-LSTM 能更進一步地學習文字的上下文關係，最後接一個 CRF(Conditional Random Field) 層擬合真實標籤進行梯度下降訓練。

至於為何要加入 CRF 層，主要是 CRF 層可以在訓練過程中學習到標籤的約束條件。舉例來說，B-ORG I-ORG 是正確的，而 B-PER I-ORG 則是錯誤的；I-PER I-ORG 是錯誤的，因為命名實體的開頭應該是 B- 而非 I-，並且兩個 I- 在同一個實體中應該一致。有了這些有用的約束，模型預測的錯誤序列將大大減少。

4.5　小結

本章介紹了無監督學習在自然語言處理領域的重要應用——預訓練模型。預訓練模型的出現，簡化了以往為了完成某項任務精心設計的網路結構，這其中摻雜著太多人為主觀因素，預訓練模型的出現不僅提高了模型的泛化能力，也極大地提高了模型的準確度。

自 BERT 誕生以來，還有很多基於 BERT 的改進模型也隨之誕生，如 Yang Zhilin 等 [21] 提出的 XLNET 和 Diao Shizhe 等 [22] 提出的 ZEN 等。從本章介紹的預訓練模型可以知道，大多數模型只是基於 BERT 當前的一些缺點 (如掩蓋策略或超參數設置) 進行改進，本質上不算特別大的創新，相信讀者碰到新的預訓練模型時，自己也能看出它們是基於 BERT 的哪些不足進行了改善。加之當前資料仍然是改進 BERT 模型最重要的原料，資料的補充比修改模型本身更加迫切，因此，本章未對所有的預訓練模型進行一一分析。

最後，當前 NLP 的發展並沒有電腦視覺迅速，究其原因還是人類的語言過於複雜，而人類訓練的 NLP 模型並不像人類的思維一般，可以聯想學習。人類輸入的資料決定了神經元的權重，它們只是一群基於資料的弱人工智慧。當然，電腦視覺模型也是弱人工智慧，不過影像相較於語言還是簡單一點，因此電腦視覺的實踐應用會多一些。現在越來越多從事自然語言處理的研究人員也在研究電腦視覺，逐漸成為一種趨勢，其目的是將電腦視覺的思想轉化到 NLP 領域，進而加快 NLP 技術的發展。筆者相信總有一天，透過全世界人工智慧研究人員的努力，能讓人工智慧技術突破弱人工智慧的天花板，從而實現真正意義上的智慧，進而推動整個人工智慧的發展處理程序，造福人類社會。

第 5 章
無監督學習進階

　　第 4 章介紹了無監督學習的原理與應用，預訓練模型的出現，簡化了以往為了完成某項任務精心設計的網路結構，不僅提高了模型的泛化能力，也極大地提高了模型的準確度。同時，演算法人員只需針對特定任務增加結構進行微調，便可以適應當前任務。為此，筆者也對自然語言處理的四大下游任務進行了探討。

　　本章將進一步對無監督學習的內容進行深入講解，首先生成式對抗網路 (Generative Adversarial Networks，GAN)，GAN 是近年來大熱的深度學習模型，它的提出者 Ian Goodfellow 提出了一個想法——讓兩個神經網路互相競爭，一個神經網路試圖生成接近真實的資料，而另一個神經網路試圖區分真實的資料及由生成網路生成的資料。這個簡單的想法碰撞出了絢麗的火花，在深度學習領域掀起了一場革命性的突破。

　　接下來，讀者將走進元學習 (Meta Learning) 的世界，所謂元學習，即讓機器學會如何學習，即一開始用很多工的資料對模型進行粗訓練，再對當前想要完成的特定任務資料進行精訓練，讓模型快速迭代至適應當前急需解決任務的權重。

5.1　生成式對抗網路

　　在 2014 年的晚上，GAN 之父 Ian Goodfellow 在酒吧為即將博士畢業的師兄慶祝，一群工程師聚在一起，探討如何讓電腦自動生成圖片。當時的研究者們嘗試對組成圖片的元素進行統計分析，從而幫助電腦生成影像，但 Goodfellow 立刻便在腦海中否決了這一想法，他邊喝酒邊思考，突然靈光乍現：「為何不讓兩個神經網路相互對抗呢？」

　　他帶著這些想法，不顧夥伴們的勸阻，轉身回家開始埋頭苦想，恐怕連他本人也沒想到，在第一次測試中，網路便獲得了意想不到的效果，一夜之間，GAN 便引發了深度學習領域的革命性突破。

GAN 最為強大之處是它的學習性質是無監督的。GAN 也不需要標記資料，這使 GAN 功能強大，因為資料標記的工作非常枯燥，因此，GAN 吸引了非常多行業的注意力，圍繞 GAN 的研究也越來越豐富，接下來的內容將著重對其原理介紹。

以圖片生成為例對 GAN 的基本原理說明。首先，假定有兩個網路：一個是生成器 (Generator)；另一個是判別器 (Discriminator)。生成器 G 是一個生成圖片的網路，接收一個隨機的雜訊 z，並透過這個雜訊生成圖片，記作 $G(z)$。判別器 D 將判定一張圖片是否「真實」。它的輸入參數是 x，代表一張圖片，輸出 $D(x)$ 代表 x 為真實圖片的機率，如果機率為 1，則代表該圖片 100% 是真實的；如果輸出為 0，則代表該圖片並非真實的。生成式對抗網路的基本架構如圖 5.1 所示。

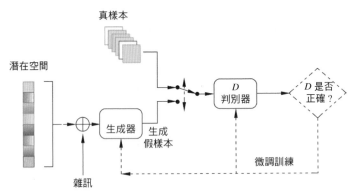

▲ 圖 5.1 生成式對抗網路 (GAN) 的基本架構

在整個訓練的環節中，生成器的最終目的是生成無限逼近真實圖片效果的圖片去偽裝欺騙判別器，而判別器的目的是盡可能地將生成器所生成的圖片與真實圖片區別開。這樣，生成器與判別器便組成了一個動態的博弈過程。

最終，在最為理想的情況下，生成器將生成足以以假亂真的圖片 $G(z)$，而對於判別器來講，它將無法辨別出生成的圖片究竟是否真實，所以此時 $D(G(z))=0.5$。

GAN 的目標函式如式 (5.1) 所示。其中，$D(x)$ 代表判別器推斷 x 為真實樣本的機率，所以，$1-D(G(z))$ 則是判別器推斷樣本為假的機率，同時對兩邊取對數並相加。

在訓練 GAN 的過程中，判別器的目的是使目標函式最大化，即使判別器推斷真實樣本為「真」，判斷合成樣本為「假」的機率最大化。而對於生成器而言，它的最終目標是使該目標函式最小化，即降低判別器得到正確結果的機率。這是一個互相博弈、互相對抗的「遊戲」，因為在「遊戲」過程中生成器與判別器的目標是迥然相反的，這也是 GAN 名稱中「對抗」的由來。透過對抗訓練方式，生成器與判別器交替最佳化，最終成為勢均力敵的對立方。

$$\min_{G} \max_{D} V(D,G) = E_{x \sim p_{\text{data}}(x)} \left[\log D(x) \right] + E_{z \sim p_z(z)} \left[\log(1 - D(G(z))) \right] \quad (5.1)$$

訓練採取的方法為梯度下降法，求取最小值的環節與傳統的梯度下降法異曲同工，而在求取最大值的環節中，則應當將符號進行反轉。由於該過程是一個博弈過程，所以常見的梯度下降法並不能被完全套用。此外，雖然生成器能夠生成出連續的資料分佈，但對於真實資料集而言，其分佈一定是離散的。考慮到以上因素，GAN 的提出者在其論文中舉出了以下訓練辦法：

(1) 初始化生成器 G 與判別器 D 兩個網路的初始參數。

(2) 先訓練 k 次判別器 D，再訓練一次生成器 G。訓練判別器時會在訓練集取出的 n 個樣本及生成器利用定義的雜訊分佈生成的 n 個樣本中進行採樣，而訓練生成器僅在生成器部分採樣。這個過程不斷重複，對抗過程從直觀描述生成器，訓練判別器，使其盡可能區分真假。

(3) 多次更新迭代後，在理想狀態下，最終達到的效果便是判別器 D 無法區分圖片到底是來自真實的訓練樣本集合，還是來自生成器 G 生成的樣本，此時辨別的機率為 0.5，至此訓練完成。

5.2　元學習

元學習也被稱為 Learn to Learn，而後者更能清楚地說明這一概念，也就是學習如何學習。簡單來講，一開始用很多工的資料對模型進行粗（預）訓練，然後用當前想要完成的特定任務資料進行精訓練，讓模型快速迭代至適應當前急需解決任務的權重。

人類擅長在學習極少數樣本後便獲得辨識該類樣本的能力，例如在孩童時期，小孩子在啟蒙書本上看到老虎和獅子的照片，便能夠快速地在未來對兩者進行分類。

在人類這種快速學習能力的啟發下，演算法人員希望元學習模型也能夠快速掌握一個先驗知識，幫助以後任務的學習，模型需要學習很多與之相類似的任務，然後用在這些任務上學到的先驗知識，使其面對一個新問題時可以學習得又快又好，而這一要求的提出使目前的元學習和少樣本學習 (Few-Shot Learning) 緊密結合在一起。

接下來，將介紹關於元學習的模型及方法。

5.2.1 Metric-Based Method

如果嘗試用以往的想法，在少樣本學習的任務中引入基於交叉熵 (Cross-Entropy) 的損失函式進行神經網路分類器的訓練，則結果大機率是過擬合的，因為當中涉及的參數量相對於樣本數量來講顯得過於龐大。

相反，換一種想法，選擇許多非參數化的方法，例如 K 近鄰、K 平均值等模式，這類方法不需要過多地最佳化參數，因此演算法人員可以在元學習的框架下建構一種能夠實現點對點訓練的少樣本分類器，而該方法採取的基本想法為對樣本之間的距離分佈進行建模，使相同類別的樣本之間更加靠近，使不同類別的樣本之間更加遠離。下面介紹相關的方法。

1. 孿生網路

Siam 是古代泰國的英文稱呼，在中文裡又被翻譯為暹羅。在 19 世紀的泰國，一對連體嬰兒出生了，由於他們的種種事蹟，自此 Siamese Twins 便成為連體人的代名詞，而所要介紹的孿生網路 (Siamese Network)，其基本含義便是「連體的網路」。換言之，該神經網路最大的特徵便是其權值是共用的，基本的網路結構如圖 5.2 所示。

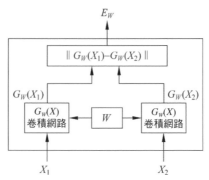

▲ 圖 5.2 孿生網路的基本架構

在該網路結構中有兩個輸入，分別為 X_1 和 X_2。模型為 G_W，其中 W 表示模型的參數，G_W 的作用是將輸入資料分別輸入兩個神經網路中，進而映射到新的空間，轉為兩組特徵向量。E_W 是距離，其作用為衡量兩組特徵向量之間的距離，進而評判兩個輸入之間的相似度。

孿生網路背後的思想是該網路能夠透過學習相關的資料描述符號，進而可以在各個子網中對輸入進行比較，所以該網路的輸入資訊可以是數值、影像 (以 CNN 為子網路) 或序列 (以 RNN 為子網路)。

通常來講，孿生網路適合執行二分類任務，對兩個輸入進行判斷，推斷其屬於同一類的機率大小。最常用的損失函式如式 (5.2) 所示。

$$L = -y\log p + (1-y)\log(1-p) \tag{5.2}$$

其中，y 為類別標籤 0 或 1；p 是網路預測的機率大小，為了不斷訓練該網路區別同類與不同類物件之間的關係，可以提供正例與反例，並進行相加，具體如式 (5.3) 所示。

$$L = L_+ + L_- \tag{5.3}$$

此外，也可使用 Triplet Loss 損失函式，如式 (5.4) 所示。

$$L = \max(d(a,p) - d(a,n) + m, 0) \tag{5.4}$$

其中，d 為距離函式，如 L_1、L_2 距離；a 是資料集中的樣本；m 為設定值；p 是一個隨機正樣本；n 是一個負樣本。透過最小化該函式，a 與 p 之間的距離將逼近 0，而 a 與 n 之間的距離則會大於 $d(a,p)$+margin。當網路能夠較好地區分負樣本時，上述函式值將接近於 0。

2.　匹配網路

匹配網路 (Match Network) 的原理圖如圖 5.3 所示，相比孿生網路，它的特點是加入了基於記憶體和注意力的網路結構，進而在不改變網路結構的前提下便能快速地建構未知類別的標籤。

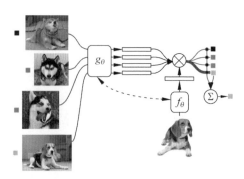

▲ 圖 5.3 匹配網路的原理圖

匹配網路把訓練集的輸入與標籤進行加權，它定義了一個基於訓練集 $S = \{(x_i, y_i)\}\big|_{i=1}^{|S|}$ 的分類器，對於一個新的資料 $\hat{x}$ 而言，網路區分該資料的機率由 $\hat{x}$ 與訓練集 S 間的距離度量而來，該距離具體表示如式 (5.5) 所示。

$$\hat{y} = \sum_{i=1}^{k} a(\hat{x}, x_i) y_i \qquad (5.5)$$

其中，y_i 是每個類別的標籤；a 是基於距離度量的注意力分值，詳情如式 (5.6) 所示。該網路將透過注意力機制把每個類別的得分進行線性加權。如果樣本 $\hat{x}$ 與 x_i 較為相似，則該注意力分值就會比較大。

$$a(\hat{x}, x_i) = \frac{e^{c(f(\hat{x}), g(x_i))}}{\sum_{j=1}^{k} e^{c(f(\hat{x}), g(x_j))}} \qquad (5.6)$$

整體來講，匹配網路相較於孿生網路而言，把整個分析過程都簡化到了注意力機制的計算過程中，一旦某個類別的注意力得分較高，其實也就大機率表示該測試樣本屬於這個類別的機率較高。

3. 原型網路

原型網路 (Prototype Network) 的思想較為簡單，對於少樣本學習來講，是將訓練集每個類別中的樣本進行加權，進而求出訓練集在權重空間中的平均值，並將該平均值作為這一類別的原型，然後分類問題就變成了尋找權重空間的最近鄰，該網路的原理圖如圖 5.4 所示。

▲圖 5.4　原型網路的原理圖

在圖 5.4 中，C_1、C_2、C_3 分別是訓練集中 3 個類別的平均值中心 (稱為原型)，當引入測試樣本 X 時，首先對測試樣本 X 進行加權，進而再透過測試樣本在權重空間中的值與 3 個中心值進行距離度量，區別出測試樣本 X 的類別。詳細計算公式可表示為式 (5.7) 和式 (5.8)。求平均值作為原型。

$$C_k = \frac{1}{|S_k|} \sum_{(x_i, y_i) \in S_k} f_\phi(X_i) \tag{5.7}$$

首先，對於式 (5.7) 來講，是針對每個類別求平均值作為原型。

$$p_\phi(y = k \mid X) = \frac{\exp(-d(f_\phi(X), C_k))}{\sum_{k'} \exp(-d(f_\phi(X), C_{k'}))} \tag{5.8}$$

而對於式 (5.8) 而言，總的訓練樣本數為 N，總類別數為 K，根據由訓練集中計算而得的原型，在測試集上計算損失，這個損失實際上便是樣例的負對數似然機率平均值。

4. 關係網路

學生網路與原型網路在分析樣本關係的過程中都需要透過加權後的特徵向量距離進行關係區分的判斷，進而對測試樣本進行分類，而關係網路 (Relation Network) 的基本想法則是透過建構神經網路來計算兩個樣本之間的距離進而區別出樣本間的匹配程度。因此，對於學生網路和原型網路而言，距離度量只是一種線性的關係分類器，而對於關係網路來講，該網路可以視作一個能夠不斷學習的非線性分類器，該網路的原理圖如圖 5.5 所示。

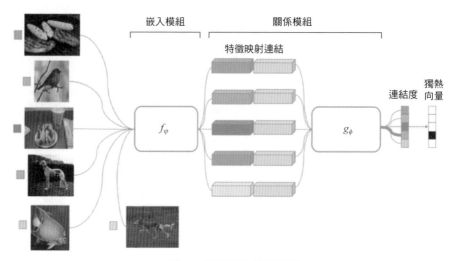

嵌入模組　　　　　關係模組

特徵映射連結

連結度　獨熱向量

f_φ

g_ϕ

▲圖 5.5 關係網路的原理圖

在圖 5.5 中，以少樣本學習中的分類問題作為案例探討關於關係網路的應用。首先演算法人員將隨機對訓練集與樣本集的資料進行取出，進而進行加權，處理後便可獲得特徵圖，然後將兩個特徵圖拼接在一起，最後讓關係網路進行處理，計算關係得分。在該任務中，演算法人員將得到 5 個得分，每個得分對應著測試集樣本分別可能屬於這 5 個分類的機率大小，詳情可用式 (5.9) 表示。

$$r_{i,j} = g_\phi(C(f_\phi(x_i), f_\phi(x_j))), \quad i = 1, 2, \cdots, 5 \tag{5.9}$$

其中，f 表示權重網路，C 表示拼接操作，g 表示關係網路。

整體而言，基本步驟是將訓練集中各個類別的樣本與測試集中樣本的特徵向量拼接，進而將其輸入神經網路中，透過神經網路計算出它們之間的匹配情況。

5. 歸納網路

在自然語言任務中，由於人們的語言習慣並非完全一致，因此對於同類別事物含義的表達往往會出現多種不同的表達方式，如果對這些迥然不同的表達方式進行直接的加和與平均，將引入許多無關的干擾內容。

顧名思義，歸納網路 (Induction Network) 即是培養機器對於同一類別在不同表達間的歸納能力，忽略和分類無關的細節，從樣本等級多種多樣的語言表述中總結出類別的語義表示，歸納網路的基本網路結構如圖 5.6 所示。

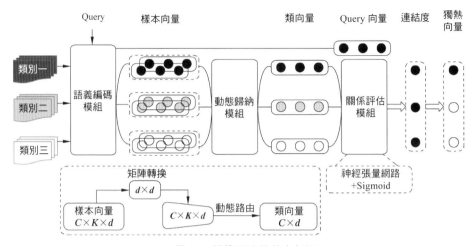

▲圖 5.6 歸納網路的基本架構

歸納網路的模型主要由語義編碼模組、動態歸納模組和關係評估模組組成，其中語義編碼模組採用了基於自注意力機制的 BiLSTM，而在動態歸納模組中則使用了動態路由演算法，最後在關係評估模組中應用了神經張量網路。

語義編碼模組使用基於自注意力機制的雙向 LSTM 網路，對輸入資料進行詞向量矩陣的建構，進而得到輸入資料的語義表示。

對於動態歸納模組，具體來講，分為以下幾個步驟。

該模組首先對訓練集中的每個樣本進行編碼，並將其歸納為類向量，如式 (5.10) 所示。

$$\{e_{ij}^s \in R^{2u}\}_{i=1,\cdots,C,j=1,\cdots,K} \mapsto \{c_i \in R^{2u}\}_{i=1}^C \qquad (5.10)$$

將樣本的表徵進行一次轉化 (Transformation)，為了能夠支援不同大小的 C(輸入)，使用一個所有類別共用的 W(權重)，詳情如式 (5.11) 所示。

$$\hat{e}_{ij}^s = W_s e_{ij}^s \qquad (5.11)$$

然後對處理後的樣本表徵進行加權求和，從而得到初始的類別表徵，詳情如式 (5.12) 和式 (5.13) 所示。

$$d_i = \text{Softmax}(b_i) \qquad (5.12)$$

$$\hat{c}_i = \sum_j d_{ij} \cdot \hat{e}_{ij}^s \qquad (5.13)$$

將類別表徵進行壓縮 (Squash)，對耦合係數 (Coupling Coefficients) 進行更新，詳情如式 (5.14) 和式 (5.15) 所示。

$$c_i = \frac{\| \hat{c}_i \|^2}{1 + \| \hat{c}_i \|^2} \frac{\hat{c}_i}{\| \hat{c}_i \|} \qquad (5.14)$$

$$b_{ij} = b_{ij} + \hat{e}_{ij}^s \cdot c_i \qquad (5.15)$$

關係評估模組透過動態歸納模組已經獲取了訓練集中每個類別的類向量表徵，並透過語義編碼模組獲取了批資料集合 (Batch Set) 中每個查詢文字 (Query) 的向量。之後的任務便是透過全連接層計算兩者間的相關程度，詳情如式 (5.16) 所示。

$$v(c_i, e^q) = f(c_i^{\mathrm{T}} M^{[1:h]} e^q) \qquad (5.16)$$

演算法人員利用語義編碼模組能夠獲取每個樣本的語義表徵，利用動態歸納模組對訓練集中的樣本語義歸納出類別特徵，然後利用關係評估模組來推斷測試集與該類別間的關係，從而實現分類。

5.2.2 Model-Based Method

1. 記憶增強網路

LSTM 網路可以利用遺忘門結構選擇性地保留一部分之前的樣本資訊，也能夠利用輸入門得到目前的樣本資訊，這種記憶方法是透過不斷更新權重值來隱性實現的，但是，模型是否可以透過外部的記憶體空間，對某些資訊進行顯性記錄呢？答案是肯定的，已經有學者基於少樣本學習任務提出了透過外部儲存空間實現長期記憶的網路結構。

記憶增強神經網路 (Memory-Augmented Neural Networks，MANN) 能夠在短暫的時間內獲取樣本中所包含的相關資訊，同時利用該類資訊對少樣本環境做出較為精準的預測。由於當中還應用了外部記憶元件，所以該網路的作者提出了一種能夠有效獲取外部記憶元件中內容的方法，參考了神經圖靈機 (Neural Turing Machine) 的基本想法，應用外部記憶網路對相關的知識進行儲存及提取，記憶增強神經網路的基本網路結構如圖 5.7 所示。

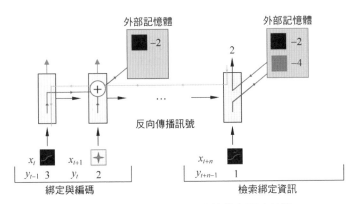

▲ 圖 5.7 記憶增強神經網路的基本網路結構

　　整個訓練過程被分為多個階段 (Episode)，每個 Episode 涵蓋了多個樣本 x 及與之對應的標籤 y，從而將所有的樣本組合成一個序列。x_t 指 t 時刻的輸入，目的是使網路能夠有選擇性地記憶先前有用的資訊，從而在下次遇到同類樣本時計算得到相應的損失。

　　每個 Episode 之間的樣本序列順序是隨機的，這樣能夠有效防止網路在訓練環節中記憶樣本的位置資訊。此外，該網路的作者還增加了一種能夠有效獲取外部記憶元件中內容的外部記憶結構，用以儲存當前 Episode 中所獲取的樣本特徵。

　　在前向傳播的過程中，多個樣本 x 與標籤 y 進行綁定後的序列，經過編碼後儲存在外部記憶元件中。當輸入下一樣本資訊時，網路會在記憶元件中進行內容檢索，進而獲取相關所需的內容進行預測。所有樣本所對應的編碼資訊與矩陣中每行資料一一對應，對矩陣進行存取的同時也就表示對該類編碼資訊進行讀寫。

　　整體來講，該演算法巧妙地將神經圖靈機應用到了少樣本學習任務中，採用外部記憶結構顯性地存取樣本特徵，同時應用元學習的演算法對神經圖靈機進行讀寫最佳化，從而有效地實現少樣本分類任務。

2. 元網路

　　MetaNet 是元網路 (Meta Networks) 的縮寫，而元網路是一系列具備用於跨任務快速泛化學習的網路結構與訓練流程。

　　MetaNet 的基本網路結構如圖 5.8 所示。MetaNet 由兩部分組成：基礎學習器 (Base Learner) 與具備記憶功能的元學習器 (Meta Learner)。基礎學習器會向元學習器提供由詮譯資訊組成的回饋,用以解釋其在當前任務的情況。同時,MetaNet的權重還涵蓋了不同的時間尺度,包括快權值(Fast Weight)與慢權值(Slow Weight)。

　　在訓練環節中,該網路的跨任務快速泛化學習能力主要得力於快權值。一般來講,神經網路中的參數往往是依據目標函式中的梯度下降進而實現變更的,而這一流程對少樣本學習而言顯得較為緩慢,因此,更為合適的辦法是透過一個神經網路來推斷另一個網路的相關參數,從中得出的參數便被稱作快權值,而對於常見的基於 SGD 等方式進行最佳化的參數,被稱為慢權值。

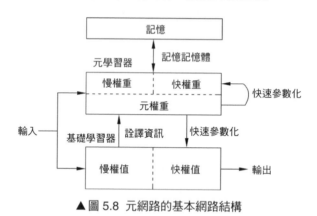

▲ 圖 5.8 元網路的基本網路結構

　　MetaNet 的訓練過程主體上包含三大部分:首先是詮譯資訊 (Meta Information) 的獲取;其次是快權值的獲取;最後是慢權值的最佳化,這些流程都將由基礎學習器與元學習器共同執行,詳細的訓練流程如下。

　　(1) 從訓練集中取出 T 個樣例,使用動態表徵學習函式 U(其權重參數為慢權值 Q)。對這 T 個樣例進行預測,並計算得到表徵損失和梯度 (詮譯資訊),詳情如式 (5.17) 和式 (5.18) 所示。

$$L_i = \mathrm{loss}_{\mathrm{emb}}(u(Q, x'_i), y'_i) \tag{5.17}$$

$$\nabla_i = \nabla_Q L_i \tag{5.18}$$

　　(2) 根據快權值生成函式 d(其權重參數為 G),進而由上述所得的梯度 (詮譯資訊) 生成任務等級的快權值 Q^*,詳情如式 (5.19) 所示。

$$Q^* = d(G, \{\nabla\}_{i=1}^{T}) \tag{5.19}$$

(3) 透過基礎學習器 b (其權重參數為慢權值 W) 對訓練集中的全部 N 個樣例進行預測,進而算出任務損失和梯度 (詮譯資訊),詳情如式 (5.20) 和式 (5.21) 所示。

$$L_i = \text{loss}_{\text{task}}(b(W, x_i'), y_i') \tag{5.20}$$

$$\nabla_i = \nabla_W L_i \tag{5.21}$$

(4) 根據快權值生成函式 m (其權重參數為 Z),進而由上述所得的梯度 (詮譯資訊) 生成樣例等級的快權值 Q^*,詳情如式 (5.22) 所示。

$$W_i^* = m(Z, \nabla_i) \tag{5.22}$$

(5) 之後將每個樣例所對應的快權值 W_i^* 儲存至外部儲存器 M 中,進而透過表徵學習函式 u 算得表徵 R_i^*,同時將其儲存至外部儲存器 R 中,詳情如式 (5.23) 所示。

$$r_i' = u(Q, Q^*, x_i') \tag{5.23}$$

(6) 透過表徵學習函式 u 算得訓練集中的 L 個樣例對應的表徵 r_i,詳情如式 (5.24) 所示。

$$r_i = u(Q, Q^*, x_i) \tag{5.24}$$

(7) 計算表徵 r_i 與外部儲存器 R 中所儲存的表徵 R_i^* 間的餘弦距離,透過 Softmax 函式將其轉化為權重,將外部儲存器 M 中儲存的值加權求和,從而獲得當前樣例的快權值,詳情如式 (5.25) 和式 (5.26) 所示。

$$a_i = \text{Attention}(R, r_i) \tag{5.25}$$

$$W_i^* = \text{Softmax}(a_i)^T M \tag{5.26}$$

(8) 透過基礎學習器 b 預測訓練集中的樣例,同時獲得損失,最後將所有的損失進行累加,利用梯度下降法更新網路中的參數 $\theta = \{W, Q, Z, G\}$。

整體來講，該模型利用損失梯度作為詮譯資訊計算快權值，能夠快速適應不同的新任務，從而最佳化了在訓練樣本少的情況下的學習效果。

3. 模型無關元學習網路

學生網路、原型網路等模型利用訓練集作為模型先驗知識，透過一個一個對比測試樣本和訓練樣本的方式進行分析。模型無關元學習網路 (Model-Agnostic Meta-Learning，MAML) 從模型的參數初始化為切入點，賦予元學習一種新的探索方向。它的要點是 Learning to Learning，即希望找到一個模型的初始化參數，使模型能夠快速地透過少量樣本在多個任務上適應，經過多次梯度下降，使模型能夠適應快速在新任務中學習。MAML 與其他模型的不同點在於其尋找在不同任務中的平衡點，對於新的任務，模型能夠最快獲得相應任務的最佳參數，非常巧妙地有效緩解小樣本中的過擬合問題。

在一般的機器學習術語中，熟知的只有訓練集、驗證集和測試集，但在元學習領域中，由於需要將每種類別看作不同的任務 (Meta-Task)，因此這些資料集被重新定義為 Meta-Training Set，Meta-Validation Set 和 Meta-Testing Set。它的整個訓練過程被稱作 Meta-Training 和 Meta-Testing。針對每個元任務 (Meta-Task)，都由對應類別的支援集和查詢集組成，並透過 N-Way K-Shot 的方式進行資料集的構造與訓練。

1) 支援集和查詢集

在讓 MAML 模型學習前，原始提供的訓練和測試資料都需要經過特定處理。支援集 (Support Set) 和查詢集 (Query Set) 是專門針對每個任務下的定義。在 Meta-Training 和 Meta-Testing 的過程中都會用到兩個資料集，即 Support Set(S) 和 Query Set(Q)，以及 Support Set (S') 和 Query Set (Q)'，如圖 5.9 所示。

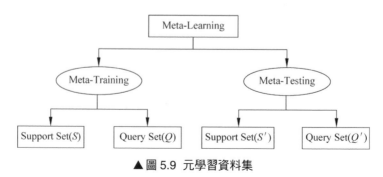

▲ 圖 5.9 元學習資料集

2) N-Way K-Shot

在學習中，N-Way K-Shot 存在的意義是如何將原始的訓練集和測試集處理為支援集 S 和查詢集 Q。這裡的 N 指的是 Meta-Training 和 Meta-Testing 過程中使用的類別數量，K 指的是組成每類的樣本數量。

N-Way K-Shot 作為元學習任務中特有的訓練策略，其目標是學習函式 $F(D,S,x) \rightarrow y$。其中 D 是標籤資料，分為三部分：D_{train}、D_{valid} 和 D_{test}，每個部分具有特定的標籤空間。演算法使用 D_{train} 最佳化參數，D_{valid} 選擇最佳超參，D_{test} 評估模型。形式化來講，給定一個訓練集 D_{train}，從 D_{train} 中隨機選擇一個標籤 L，然後從標籤 L 對應的資料中採樣出支援集 S 和查詢集 Q，最後將 S 和 Q 作為模型的輸入並最小化損失，建構為一個元任務。當 L 包含 N 個不同的類別且每類包含 K 個實例時，將這樣的目標問題稱為 N-Way K-Shot 問題。

3) MAML

MAML 模型的訓練和採樣方式遵循 N-Way K-Shot 的方式，該任務也是在 MAML 模型中首次提出。除此之外，它的創新點在於為每個批資料中的 n 個樣例計算 n 個梯度 φ'_i，如式 (5.27) 所示。

$$\varphi'_i = \varphi - \alpha \nabla_\varphi L(f_\varphi) \qquad (5.27)$$

如式 (5.28) 所示，在得到 n 個不同的模型後，利用查詢集得到 n 個損失函式的和作為一個批資料的總損失：

$$\mathcal{L} = \sum L(f_{\varphi'_i}) \qquad (5.28)$$

最後透過求二次梯度最小化損失找到最佳的平衡點，如式 (5.29) 所示。

$$\varphi_n = \varphi - \beta \nabla_\varphi L \qquad (5.29)$$

MAML 的優勢在於它的目標是學習一個網路在多個任務下的初始化參數，透過梯度下降法，使它可以透過測試集中未知樣例的支援集快速學習和微調，因此只需少數實例便可以達到更優的效果。但是 MAML 在訓練階段需要進行兩次梯度計算，因此很多模型針對這個問題進行了改進，一方面可以降低梯度計算次數；另一方面希望對梯度下降的方向進行指導。Reptile 模型正是基於這兩個方面進行了最佳化，首先它透過 SGD 對每個任務的支援集求梯度，使學習率 (Learning Rate) 同時作為變數透過梯度下降學習。另外，它使用自我調整最佳化演算法 (ADAM) 對梯度下降的方向進行更新，透過對參數的差值求出參數更新的方向，以及自我調整學習率更快地逼近最佳初始參數，使模型快速收斂。

5.2.3 Pretrain-Based Method

基於預訓練方法的小樣本學習的整體想法是借助預訓練模型進行語義空間的學習，然後在下游結構利用度量學習或元學習模型完成小樣本分類任務。2018 年，Google 公司提出的預訓練模型 BERT 的發佈成為 NLP 領域的重要里程碑，它標誌著 NLP 新時代的開始。BERT 作為一個語言表示模型，在當時刷新了 11 項自然語言處理任務的最佳性能紀錄。在該模型發佈短短一年間其引用量便勢如破竹，基於 BERT 的相關學術研究層出不窮，小樣本學習領域也不例外。Zhang 等 [1] 提出 PMAML 模型，Han 等 [2] 提出 BERT-PAIR 模型，這些基於預訓練模型的研究為小樣本學習研究提供了極高參考價值，以下進行詳細介紹。

1. PMAML

PMAML 的核心想法是在 BERT 上進行無監督訓練，然後利用 BERT 做編碼器，下接 4.2.2 節中介紹的 MAML 模型進行下游的小樣本分類任務。該模型想法簡潔且有效，實驗證明使用預訓練模型的無監督訓練可以讓模型充分學習上下文語義。該模型的訓練過程由以下兩部分組成。

(1) 基於掩蓋詞的自編碼預訓練策略。給定所有訓練和測試樣本，先利用 BERT 模型中的 Mask LM 策略來學習與任務無關的上下文語義特徵，這些特徵包含一些語義屬性，有利於下游的小樣本學習任務。

(2) 基於 Episode 的元訓練。將步驟 (1) 所得的預訓練模型作為編碼器，在每次迭代中使用 MAML 進行梯度更新和計算。Episode 具體指在訓練過程中將支援集作為輸入送入模型並更新參數，透過最小化查詢集 Q 的損失完成一輪訓練。

最近的一項研究表明，對 NLP 任務進行微調可以激發模型潛能，助力模型將效果發揮到極致。PMAML 模型使用訓練集和測試集構造一個無監督訓練任務，透過對 BERT 進行預訓練微調，結合 MAML 模型完成下游任務。

這裡對 PMAML 模型整體的演算法流程進行總結歸納，如表 5.1 所示。

▼ 表 5.1　PMAML 演算法流程

Algorithm 1　PMAML Calculation Process
Prepare：Train Datasets $\mathcal{D} = \{x^i, y^i\}$
1.　Random a task $\mathcal{T}_i$ with training examples using a support set $\mathcal{S}_k^i$ and a query set example Q^i
2.　Randomly initialize θ
3.　Pre-train $\mathcal{D}$ with BERT
4.　Denote $p(\mathcal{T})$ as distribution over tasks
5.　**while** not done **do**：
6.　　Sample batch of tasks $\mathcal{T}_i \sim p(\mathcal{T})$：
7.　　**for** all $\mathcal{T}_i$ **do**：
8.　　　Evaluate $\nabla_\theta \mathcal{L}_{\mathcal{T}_i}(f_\theta)$ using $\mathcal{S}_k^i$
9.　　　Compute adapted parameters with gradient descent：$\theta_i' = \theta - \alpha \nabla_\theta \mathcal{L}_{\mathcal{T}_i}(f_\theta)$
10.　　Update $\theta \leftarrow \theta - \beta \nabla_\theta \sum_{\mathcal{T}_i \sim p(\mathcal{T})} L_{\mathcal{T}_i}(f_{\theta_i'})$
11.　　Using each $\mathcal{D}_i'$ from $\mathcal{T}_i$ and $\mathcal{L}_{\mathcal{T}_i}$

2. BERT-PAIR

　　BERT-PAIR 的主要想法是將每個查詢實例和所有支援實例進行配對，然後把每個句子拼接為一個序列，訓練一個基於 BERT 序列的分類模型，以獲得兩個實例的匹配分數。BERT-PAIR 架構如圖 5.10 所示。

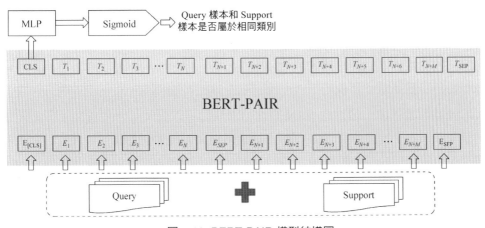

▲圖 5.10　BERT-PAIR 模型結構圖

　　B 代表 BERT 模型，查詢實例表示為 x，將配對的支援實例表示為 x_T^i（x^i 表示關係 r 的第 i 個支援實例），由 $B(x, x_T^i)$ 輸出雙元素向量，分別表示查詢實例和配對支援實例裡共用相同關係和不共用相同關係的分數。每個關係的機率如式

(5.30) 所示。

$$p(y=r \mid x) = \frac{\exp(o_r)}{\sum\limits_{r' \in R} \exp(o_{r'})}, \quad r \in R \tag{5.30}$$

其中，y 表示模型預測的標籤，$R=r_1,r_2,\cdots,r_N$ 表示不同的關係分類，o_r 代表向量平均計算，如式 (5.31) 所示，最後使用交叉熵計算 loss，這在 FSL 和其他分類任務中是通用的。

$$o_r = \frac{1}{K} \sum_{j=1}^{K} \left[B(x, x_J^i) \right]_1 \tag{5.31}$$

BERT-PAIR 的優勢顯而易見，透過查詢實例和每個支援實例配對的方式增加訓練樣本，同時更進一步地學習相似語義的表徵。但其劣勢值得一提，這種方式在增加訓練樣本數的同時，耗費更多的訓練時間和記憶體，該模型程式中目前利用 PyTorch 的梯度累積和混合精度 (FP16) 降低浮點精度兩種方式進行訓練，以降低顯存佔用、提高運算速度，因此在模型計算方面有待最佳化。

5.3 小結

本章介紹了無監督學習的進階內容：生成式對抗網路與元學習。生成式對抗網路是近年來大熱的深度學習模型，直至當前，基於 GAN 設計的演算法正如雨後春筍般不斷湧現，其應用也廣泛滲透到了諸如電腦視覺、自然語言處理、醫療人工智慧等領域中。透過對 GAN 的介紹，讀者可以從一個零和博弈思想中領略到深度學習的絕妙之美，GAN 提供了一個處理問題的嶄新想法，把博弈論引入學習過程中。可以預見，這類設計問題的出發點及角度，必將對未來的演算法設計產生極為深遠的影響。

而對於元學習而言，它往往與少樣本學習緊密結合在一起，在人們能夠迅速學習的能力的啟發之下，未來的深度學習模型必將走向樣本需求更少，同時效果又好又快的道路，這是未來人工智慧的發展方向，也是激勵學者們不斷前行的燈塔。

第 6 章
預訓練

第 4 章詳述了預訓練模型的原理及下游任務的方式。BERT 作為 NLP 史上具有劃時代意義的深度模型，其強大毋庸置疑。一般來講，演算法人員在實際任務中使用 BERT 預訓練模型已經能滿足大部分場景，但 BERT 不能應對脫敏後的文字、序列任務。

此外，當演算法人員獲得大量的某個領域的無標籤文字卻不知道如何利用時，自己預訓練一個 BERT 是很好的策略。為此，筆者將透過中國電腦學會舉辦的 CCF 2020 科技戰疫 • 巨量資料公益挑戰賽 • 疫情期間線民情緒辨識競賽作為實踐，幫助讀者掌握預訓練 BERT 過程。

6.1 賽題任務

新型冠狀病毒 (COVID-19) 感染的肺炎疫情牽動著全國人民的心，全國同舟共濟、眾志成城，打響了一場沒有硝煙的疫情阻擊戰。

提供的內容中與新冠肺炎相關的有 230 個主題關鍵字，時間跨度為 50 天，共計 100 萬筆微博資料，其連結為 https：//www.datafountain.cn/competitions/423/datasets，要求從中訓練模型並辨識出使用者的情感傾向：消極、中立與積極。

1. 資料形式

如表 6.1 所示，比賽方提供的資料為疫情期間微博使用者的評論資料，其中包含微博 ID、微博中文內容等資訊。

▼ 表 6.1 訓練集實例

[微博 ID]	4456072029125500
[微博中文內容] 寫在年末冬初孩子流感的第 5 天，我們仍然沒有忘記熱情擁抱這 2020 年的第 1 天。帶著一絲迷信，早晨給孩子穿上紅色的羽絨服、羽絨褲，祈禱新的一年孩子們身體健康。仍然會有一絲焦慮，焦慮我的孩子為什麼會過早地懂事，從兩歲多開始關注我的情緒，會深沉地說：「媽媽，你終於笑了！」這句話像刀子一樣扎入我……展開全文	
[情感傾向]	0

2. 資料規模

如表 6.2 所示，比賽方的資料除了舉出訓練測試集外還附帶了無標籤資料。本章所講的繼續預訓練便是基於這 90 萬筆無標籤資料。

▼ 表 6.2 資料規模

訓練集 (有標籤)	10 萬 (筆)
訓練集 (無標籤)	90 萬 (筆)
測試集	1 萬 (筆)

3. 資料型態

中文自然語言文字。

4. 提交範例

最終結果儲存為 CSV 檔案，編碼採用 UTF8 統一編碼，格式如表 6.3 所示。包含測試資料 ID，以及 ID 所屬使用者的情感級性。

▼ 表 6.3 提交範例

測試資料 ID	情感極性
09568	1
37361	0

6.2 環境架設

為了使程式環境適用於後續章節，本章將參考第 2 章的虛擬環境架設與 PyCharm 遠端同步伺服器的方法，配置本書所有程式的執行環境。與此同時，screen 命令管理幕後工作也在第 2 章有所介紹，在此不再贅述。

1. 硬體環境

　　作業系統：Ubuntu 16~18 和 CentOS 7 均可。

　　硬體規格：記憶體 128GB、Quadro GP100 16GB、1 個 GPU 卡或以上即可。

2. 軟體環境

　　本書所有深度學習程式均基於 PyTorch 深度學習框架，具有很強的重複使用性與解耦性。就目前來講，PyTorch 在學術圈、工業界及競賽圈發展勢頭迅猛，已經佔據了非常大的深度學習框架市佔率。

　　相較於 TensorFlow，Torch 程式的簡潔、動態張量、活躍的社區及和 NumPy 的任意轉換對於學術界有著很大的意義。

　　本章所配置的虛擬環境與所需要的 Python 安裝套件將適用於後續所有章節程式的環境。為此，需要每位讀者建立好虛擬環境，並在虛擬環境中，利用 requirements.txt 檔案進行環境配置。

```
# 建立虛擬環境
conda create -n torch_nlp python==3.7

# 進入虛擬環境
source activate torch_nlp

# 筆者將環境所需要的軟體安裝套件都匯出在 requirements.txt 檔案中
# 進入含有 requirements.txt 檔案的目錄
pip install -r  requirements.txt

### 以下是 requirements.txt 檔案的部分內容
importlib-metadata==1.6.0
ipyKernel==5.2.1
ipython==7.13.0
ipython-genutils==0.2.0
kiwisolver==1.3.1
lmdb==1.0.0
lsm-db==0.6.4
Markdown==3.2.1
transformers==2.4.1
...
```

3. 任務本質

　　雖然舉出的資料除了文字還有大量圖片和視訊，但由於舉出的非文字資料實在太過「髒亂」，即使嘗試使用 OCR 等方法對非文字資料進行建模，也收穫甚微。

為此，筆者不得不放棄使用非文字資料，所以此道賽題仍屬於一個傳統的 NLP 多分類問題。

同時，為了使預訓練模型更進一步地表徵微博評論形式的文字資料，除了改進 BERT 下游任務的結構之外，還需利用其中的無標籤微博語料資料對 BERT 預訓練模型進行繼續預訓練。本章的講解將聚焦在繼續預訓練的任務上。

4. 資料分析

針對賽題 90 萬筆無標籤資料集，筆者進行了較為詳細的統計和分析。資料集中的文字長度分佈如圖 6.1 所示，絕大多數文字長度在 256 以內，並且文字長度分佈較為均衡。此外，由於資料集為爬取的微博評論資料，因此存在 HTML 文字和特殊字元等雜訊現象。

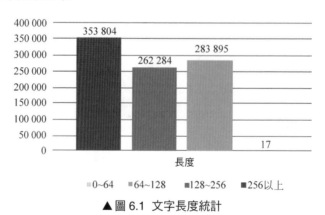

▲圖 6.1 文字長度統計

預訓練的實踐流程如圖 6.2 所示。

▲圖 6.2 實踐流程圖

6.3 程式框架

(1) chapter6/preprocess.py：對原始無標籤資料進行清洗及分析，並生成如圖 6.3 所示的資料格式。

(2) chapter6/PyTorch_pretrained_bert/modeling.py：BERT 模型結構 (huggingface 社區開放原始碼維護)。

(3) chapter6/PyTorch_pretrained_bert/optimization.py：最佳化器。

(4) chapter6/PyTorch_pretrained_bert/tokenization.py：掩蓋語言模型。

(5) chapter6/PyTorch_pretrained_bert/file_utils.py：用於生成 MLM 預訓練資料函式。

(6) chapter6/config.py：預訓練超參數配置。

(7) chapter6/run_pretraining.py：預訓練程式。

是心動啊，糟糕眼神躲不掉。對你莫名地心跳，竟然停不了對你的迷戀感覺要發燒。@namjoohyuk_official

過去的一整年好喜歡你。不過今年不可以啦，畢竟，可不能連自己都不要了。

不過今年不可以啦，畢竟，可不能連自己都不要了。跨年給你打電話，聽到聽筒裡遠遠傳來你男朋友和你嬉笑的聲音。

跨年給你打電話，聽到聽筒裡遠遠傳來你男朋友和你嬉笑的聲音。想起不久前你和你男朋友冷戰時，你堅決地說要和他分手。

想起不久前你和你男朋友冷戰時，你堅決地說要和他分手。我站在樓道的視窗前聽電話，發燒時周身冷熱交替，笑容有多諷刺。

我站在樓道的視窗前聽電話，發燒時周身冷熱交替，笑容有多諷刺。有人問你粥可溫，真好。

▲圖 6.3　預訓練文件資料生成實例

6.4　資料分析實踐

本節程式將按照圖 6.2 所示的順序進行講解。

6.4.1　資料前置處理

由於本道賽題 99.9% 的樣本長度小於 256，筆者將預訓練模型的最大句子長度設置為 256，盡可能保證句子的完整性。為展示實際場景中長文件的情況，範例圖使用了長度為 64 的動態回割。為了方便 NEZHA 預訓練 next_sentence_predict 任務資料建構，同一個文件的不同句子以分行符號隔開，不同文件之間以空行隔開。

資料清洗及文件建構的程式如下：

```python
#chapter6/preprocess.py
# 找到訓練集和測試集中所有的非中英文的數字記號
additional_chars = set()
for t in list(unlabeled_df[' 微博中文內容 ']):
    additional_chars.update(re.findall(u'[^\u4e00-\u9fa5a-zA-Z0-9\*]', str(t)))
print(' 文中出現的非中英文的數字記號：', additional_chars)

# 一些需要保留的符號
extra_chars = set("!#$%&\()*+,-./:;=?@[\\]^_`{|}~!# ￥%& ？《》{}""‧：''。()、；【】")
print(' 保留的標點：', extra_chars)
additional_chars = additional_chars.difference(extra_chars)

def stop_words(x):
    try:
        x = x.strip()
    except:
        return ''
    x = re.sub('{IMG:.?.?.?}', '', x)
    x = re.sub('!--IMG_\d+--', '', x)
    x = re.sub('a[^*', '', x).replace("/a", "")          # 過濾 a 標籤
    x = re.sub('P[^*', '', x).replace("/P", "")          # 過濾 P 標籤

    # 過濾 strong 標籤
    x = re.sub('strong[^*', ',', x).replace("/strong", "")
    x = re.sub('br', ',', x)                              # 過濾 br 標籤
    x = re.sub('\s', '', x)                               # 過濾不可見字元
    x = re.sub(' Ｖ ', 'V', x)
    # 刪除特殊字元
    for wbad in additional_chars:
        x = x.replace(wbad, '')
    return x

# 使用函式對文字進行清洗
unlabeled_df[' 微博中文內容 '] = unlabeled_df[' 微博中文內容 '].apply(stop_words)
```

生成預訓練所需文件，程式如下：

```python
#chapter6/preprocess.py
content_text = unlabeled_df[' 微博中文內容 '].tolist()
corpus_list = []
all_char_list = []   # 字表
for doc in tqdm(content_text):
    if len(doc) >= split_len:
        texts_list, _ = split_text(text=doc, maxlen=split_len, greedy=False)
        for text in texts_list:
            all_char_list.extend(text)
```

```
        corpus_list.append(text)
    else:
        corpus_list.append(doc)
        all_char_list.extend(doc)        # 加入每個字
    corpus_list.append('\n')             # 不同文件的分隔符號
corpus_list = [corpus + '\n' for corpus in corpus_list]
with open(corpus_path + '{}_corpus.txt'.format(split_len), 'w') as f:
    f.writelines(corpus_list)
```

6.4.2　預訓練任務模型建構與資料生成

　　如圖 6.4 所示，Google 公司提出的 BERT 透過掩蓋語言模型 (Mask Language Model，Mask LM) 和下一句預測 (Next Sentence Predict，NSP) 兩種預訓練策略來得到每個標識的表徵，但大量預訓練實驗證明 NSP 任務相較於 Mask LM 任務而言過於簡單，對預訓練模型的效果起不到正向回饋的作用。

　　為此，後續的預訓練模型都摒棄了此項任務，如 RoBERTa、NEZHA 等，因此預訓練時只使用了 Mask LM 的單任務。

　　預訓練需要建構好對應的模型結構和產生對應的標籤。以下程式是預訓練模型的建構與資料生成。建構預訓練模型只需直接呼叫 BERT 的模型結構，並下接 Mask LM 的任務即可。

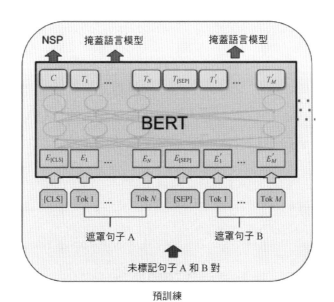

▲ 圖 6.4　BERT 預訓練結構

呼叫 BERT 模型，程式如下：

```
#chapter6/PyTorch_pretrained_bert/modeling.py
# 模型建構
class BertForMaskedLM(BertPreTrainedModel):
    """BERT model with the masked language modeling head """
    def __init__(self, config):
        super(BertForMaskedLM, self).__init__(config)
        self.bert = BertModel(config) # 透過設定檔修改 BERT 各層 shape
        self.cls = BertOnlyMLMHead(config, self.bert.embeddings.word_embeddings.weight)
        self.apply(self.init_bert_weights)
```

建構預訓練 Mask LM 的下接結構，程式如下：

```
#chapter6/PyTorch_pretrained_bert/modeling.py

    def forward(self, input_ids, token_type_ids=None, attention_mask=None, masked_
lm_labels=None):
        sequence_output, _ = self.bert(input_ids, token_type_ids, attention_mask,
output_all_encoded_layers=False)
        prediction_scores = self.cls(sequence_output)

        if masked_lm_labels is not None:
            loss_fct = CrossEntropyLoss(ignore_index=-1)
            masked_lm_loss = loss_fct(prediction_scores.view(-1, self.config.vocab_
size), masked_lm_labels.view(-1))
            return masked_lm_loss
        else:
            return prediction_scores
```

定義函式，生成 Mask LM 所需的資料，程式如下：

```
#chapter6/pretraining_utils.py
def create_examples(data_path, max_seq_length, masked_lm_prob, max_predictions_
per_seq, vocab_list, tokenizer):
    """Creates examples for the training and dev sets."""
    examples = []
    max_num_tokens = max_seq_length - 2
    fr = open(data_path, "r",encoding='utf-8')
    for (i, line) in tqdm(enumerate(fr), desc="Creating Example"):
        line = line.strip()
        line = line.replace('\u2028','')
        tokens_a = tokenizer.tokenize(line.strip())[:max_num_tokens]
    """ 模型輸入資料的構造 """
        tokens = ["[CLS]"] + tokens_a + ["[SEP]"]
        segment_ids = [0 for _ in range(len(tokens_a) + 2)]
```

```
        #remove too short sample
        if len(tokens_a) <= 10:
            Continue
    """ 模型標籤的構造 """
        tokens, masked_lm_positions, masked_lm_labels = create_masked_lm_predictions(
                    tokens, masked_lm_prob, max_predictions_per_seq, vocab_list)
        example = {
            "tokens": tokens,
            "segment_ids": segment_ids,
            "masked_lm_positions": masked_lm_positions,
            "masked_lm_labels": masked_lm_labels}
        examples.append(example)
fr.close()
return examples
```

6.4.3　模型訓練

1.　超參數設置

　　預訓練的超參數設置可分為兩部分：模型結構原生參數 (bert_config.json) 與預訓練策略選擇參數 (chapter6/config.py)。接下來分別對各種參數進行解釋，程式如下：

```
#chapter6/config.py

class Config(object):
    def __init__(self):
        #----------ARGS--------------------
        # 原始資料路徑
        self.source_data_path = '/home/wangzhili/data/ccf_emotion/'
        # 預訓練資料路徑
        self.pretrain_train_path = "/home/data/ccf_emotion/256_corpus.txt"
        # 模型儲存路徑
        self.output_dir = self.source_data_path + "outputs/"
        #Mask LM 任務驗證集資料，大多數情況下選擇不驗證
        #(predict 需要時間，直到驗證集只表現當前 Mask LM 任務效果)
        self.pretrain_dev_path = ""

        # 預訓練模型所在路徑（資料夾）為 '' 時從零訓練，不為 '' 時繼續訓練
        self.pretrain_model_path = '/home/pretrained_model/nezha_base/'
        # 為 '' 時從零訓練
        self.bert_config_json = self.pretrain_model_path + "bert_config.json"
        self.vocab_file = self.pretrain_model_path + "vocab.txt"
        self.init_model = self.pretrain_model_path
```

```python
        self.max_seq_length = 256              # 文字長度
        self.do_train = True
        self.do_eval = False
        self.do_lower_case = False             # 資料是否全變成小寫（是否區分大小寫）

        self.train_batch_size = 24             # 根據 GPU 卡而定
        self.eval_batch_size = 32
        # 繼續預訓練 lr：5e-5，重新預訓練：1e-4
        self.learning_rate = 5e-5
        self.num_train_epochs = 16             # 預訓練輪次
        self.save_epochs = 2                   #e % save_epochs == 0 儲存
        # 前 warmup_proportion 的步伐，慢熱學習比例
        self.warmup_proportion = 0.1
        self.dupe_factor = 1                   # 動態掩蓋倍數
        self.no_CUDA = False                   # 是否使用 GPU
        self.local_rank = -1                   # 分散式訓練
        self.seed = 42                         # 隨機種子

        # 梯度累積（相同顯存下能執行更大的 batch_size）為 1 時不使用
        self.gradient_accumulation_steps = 1
        self.fp16 = False                      # 混合精度訓練
        self.loss_scale = 0.                   #0 時為動態
        #BERT Transformer 的參數設置
        self.masked_lm_prob = 0.15             # 掩蓋率
        # 最大掩蓋字元數目
        self.max_predictions_per_seq = 20
        # 凍結 word_embedding 參數
        self.frozen = True

        #bert_config.json 檔案參數解釋
        """
        {
            "attention_probs_DropOut_prob": 0.1,
            "directionality": "bidi",
            "hidden_act": "gelu",                  # 啟動函式
            "hidden_DropOut_prob": 0.1,            # 隱藏層 DropOut 機率
            "hidden_size": 768,                    # 最後輸出詞向量的維度
            "initializer_range": 0.02,             # 初始化範圍
            "intermediate_size": 3072,             # 升維維度
            "max_position_embeddings": 512,        # 最大的位置資訊
            "num_attention_heads": 12,             # 總的頭數
            # 隱藏層數，也是 Transformer 的編碼器執行的次數
            "num_hidden_layers": 12,
            "pooler_fc_size": 768,
            "pooler_num_attention_heads": 12,
            "pooler_num_fc_layers": 3,
            "pooler_size_per_head": 128,
```

```
            "pooler_type": "first_token_transform",
            "type_vocab_size": 2,                    #segment_ids 類別 [0,1]
            "vocab_size": 21128                      # 詞典中的詞數
    }
    """
```

　　由於是繼續預訓練 NEZHA，所以 bert_config.json 檔案的配置參數不變。bert_config.json 的大部分參數為 Transformer 中的結構參數，預設為 Google 預訓練 BERT Base 版本的參數，但在訓練自己的 BERT 時，可根據具體的資料和伺服器顯卡的情況酌情減少 hidden_size 和隱藏層的層數。

　　值得注意的是，如果使用自己生成的字典，則在配置 bert_config.json 檔案時，參數 vocab_size 需要與新生成的字典長度匹配。

　　在設置好檔案路徑後，可以根據伺服器的具體資源和任務需求調整 max_len 與 batch_size。當 max_len 設置為 256 和 batch_size 設置為 48 時，模型能佔滿 16000MB 顯存的 GPU。若有多張顯卡，則可以使用 huggingface 社區維護的多卡並行訓練、分散式訓練，以及 NEZHA 模型中使用的混合精度訓練，只需要在 config.py 檔案中修改參數。

2. 進行預訓練

　　設置好相關參數後，便可以執行 run_pretraining.py 檔案進行預訓練。模型訓練分為兩部分：訓練與驗證，但在大部分預訓練情況下，並不需要驗證當前的 Mask LM 任務做得怎樣，只需關注模型此刻的 loss 查看訓練情況。對於這種情況，只需將參數 do_eval 設置成 False。

　　將資料變成張量，程式如下：

```
#chapter6/run_pretraining.py
# 將資料變成張量
train_features = convert_examples_to_features(train_examples, args.max_seq_
length, tokenizer)
all_input_ids = torch.tensor([f.input_ids for f in train_features], dtype=torch.long)
all_input_mask = torch.tensor([f.input_mask for f in train_features], dtype=torch.long)
all_segment_ids = torch.tensor([f.segment_ids for f in train_features],dtype=torch.
long)
all_label_ids = torch.tensor([f.label_id for f in train_features], dtype=torch.long)
train_data = TensorDataset(all_input_ids, all_input_mask, all_segment_ids, all_
label_ids)
```

```
# 分散式訓練（需要管理員許可權）
if args.local_rank == -1:
    train_sampler = RandomSampler(train_data)
else:
    train_sampler = DistributedSampler(train_data)
train_dataloader = DataLoader(train_data, sampler=train_sampler, batch_size=args.
train_batch_size)
```

訓練模型，程式如下：

```
#chapter6/run_pretraining.py
# 訓練模型
model.train()
nb_tr_steps = 0                          # 總步數
for e in trange(int(args.num_train_epochs), desc="Epoch"):
    tr_loss = 0
    nb_tr_examples = 0
    for step, batch in enumerate(train_dataloader):
        batch = tuple(t.to(device) for t in batch)
        input_ids, input_mask, segment_ids, label_ids = batch
        #masked_lm_loss
        loss = model(input_ids, segment_ids, input_mask, label_ids)
        # 多卡訓練
        if n_gpu > 1:
            loss = loss.mean()           #mean() to average on multi-gpu.
        if args.gradient_accumulation_steps > 1:
            loss = loss / args.gradient_accumulation_steps
        # 混合精度訓練
        if args.fp16:
            optimizer.backward(loss)
        else:
            loss.backward()
        tr_loss += loss.item()
        nb_tr_examples += input_ids.size(0)
        nb_tr_steps += 1
        if (step + 1) % args.gradient_accumulation_steps == 0:
            if args.fp16:
                lr_this_step = args.learning_rate * warmup_linear(global_step/ num_
train_optimization_steps,args.warmup_proportion)
                for param_group in optimizer.param_groups:
                    param_group['lr'] = lr_this_step
            # 梯度傳播
            optimizer.step()
            optimizer.zero_grad()
            global_step += 1
        if nb_tr_steps > 0 and nb_tr_steps % 100 == 0:
        logger.info("==== -epoch %d -train_step %d -train_loss %.4f\n" % (e, nb_
```

```
tr_steps, tr_loss / nb_tr_steps))
```

儲存模型，程式如下：

```
#chapter6/run_pretraining.py
# 根據步數儲存模型
    if e > 0 and  e % args.save_epochs == 0 and not args.do_eval:
        #Save a trained model, configuration and tokenizer
        model_to_save = model.module if hasattr(model, 'module') else model
        output_model_file = os.path.join(args.output_dir, WEIGHTS_NAME)
        torch.save(model_to_save.state_dict(), output_model_file)
        output_model_file = os.path.join(args.output_dir, WEIGHTS_NAME)
        torch.save(model_to_save.state_dict(), output_model_file)
```

驗證模型，程式如下：

```
#chapter6/run_pretraining.py
if nb_tr_steps > 0 and nb_tr_steps % 2000 == 0 and args.do_eval:
    eval_examples = create_examples(data_path=args.pretrain_dev_path,
                                        max_seq_length=args.max_seq_length,
                                        masked_lm_prob=args.masked_lm_prob,
max_predictions_per_seq=(args.max_predictions_per_seq,
                            vocab_list=vocab_list)
    eval_features = convert_examples_to_features(eval_examples, args.max_seq_
length, tokenizer)
    all_input_ids = torch.tensor([f.input_ids for f in eval_features], dtype=torch.
long)
    all_input_mask = torch.tensor([f.input_mask for f in eval_features],
dtype=torch.long)
    all_segment_ids = torch.tensor([f.segment_ids for f in eval_features],
dtype=torch.long)
    all_label_ids = torch.tensor([f.label_id for f in eval_features], dtype=torch.
long)
    eval_data = TensorDataset(all_input_ids, all_input_mask, all_segment_ids, all_
label_ids)
    #Run prediction for full data
    eval_sampler = SequentialSampler(eval_data)
    eval_dataloader = DataLoader(eval_data, sampler=eval_sampler, batch_size=args.
eval_batch_size)
    model.eval()
    eval_loss = 0
    nb_eval_steps = 0
    for input_ids, input_mask, segment_ids, label_ids in tqdm(eval_dataloader,
desc="Evaluating"):
        input_ids = input_ids.to(device)
        input_mask = input_mask.to(device)
```

```
        segment_ids = segment_ids.to(device)
        label_ids = label_ids.to(device)
        with torch.no_grad():
            loss = model(input_ids, segment_ids, input_mask, label_ids)
                eval_loss += loss.item()
        nb_eval_steps += 1
        # 列印驗證集 loss
    eval_loss = eval_loss / nb_eval_steps
    logger.info("========= -epoch %d -train_loss %.4f -eval_loss %.4f\n" % (e,
 tr_loss / nb_tr_steps, eval_loss))
```

至此，模型會按照設置的參數進行預訓練，並根據 config.py 檔案設置的 save_epochs 進行儲存。

另外，在進行下游任務時，只需用儲存的模型、bert_config.json 和 vocab.txt 檔案替換原本的模型檔案，便可以使用模型對當前資料集進行微調了。具體操作可以參考第 7 章。

6.5 小結

本章透過對 90 萬筆疫情期間無標籤的微博評論資料進行繼續訓練，加強了模型對此類文字資料上下文語義表徵。用繼續預訓練得到預訓練模型承接下游分類任務去微調，筆者在比賽中獲得了不錯的成績。

預訓練一個 BERT 只需三步：產生文件形式的資料、建構預訓練模型與預訓練資料，以設置好參數進行預訓練。

當然，除了在原有的模型上繼續預訓練外，預訓練還可以在脫敏後的文字資料和序列任務中發揮作用，甚至在一些典型機器學習的特徵行為任務中，也有選手嘗試用 BERT 等模型進行預訓練，加強對特徵的表徵。經過大量無監督資料得到的預訓練模型，往往能夠在下游任務中取得不錯的成績。

第 7 章
文 字 分 類

　　第 6 章利用大量的無監督資料對現有的 NEZHA 預訓練模型進行再次預訓練，目的是得到一個泛化性能好、穩健性能佳的預訓練模型，用以提升自然語言處理下游任務的準確性。

　　作為自然語言處理領域的重要課題，文字分類一直是業界研究的重點，不過其任務的本質較為簡單，即建構模型去判斷當前文字屬於哪一個類別。

　　如今，預訓練模型的出現，大大提高了文字分類模型的準確率。為此，筆者將以文字分類任務為引入點，利用預訓練模型建構文字分類任務，幫助讀者掌握預訓練模型的應用。

　　另外，本章使用的程式將重複使用於後續章節。本章將架設一個自然語言處理程式框架，以幫助讀者用最低的學習成本掌握自然語言處理任務。這不僅能夠幫助讀者建構屬於自己的自然語言處理知識系統，還可以方便讀者基於自己的知識系統進行二次擴充，加深對自然語言處理的理解。

7.1 資料分析

　　本章將採用清華大學開放原始碼的新聞文字資料集作為文字分類任務的資料。該資料集總共涉及 10 個類別的標籤，分別為「體育」「娛樂」「家居」「房產」「教育」「時尚」「時政」「遊戲」「科技」與「財經」，並且每個類別的資料量分佈均衡。

　　為此，演算法人員只需統計資料集的文字長度，用於後續的資料前置處理，資料集的文字長度分佈如圖 7.1 和圖 7.2 所示。

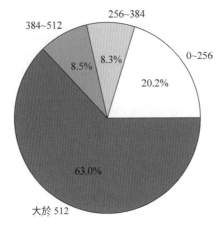

▲ 圖 7.1 原始資料集文字長度分佈佔比

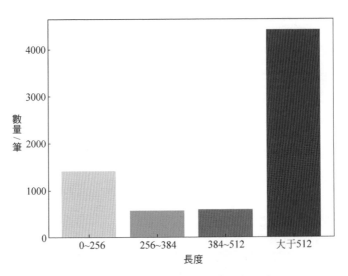

▲ 圖 7.2 原始資料集文字長度數量分佈

透過圖 7.1 與圖 7.2，可以看出 63% 文字的長度大於 512，而預訓練模型的最大輸入長度為 512，因此需要對資料進行切分，以保證模型可以正確輸入。

一般地，新聞文字的開頭與結尾就能把整段文字的資訊表徵出來。根據這個特點，筆者將文字的前 128 個字與後 382 個字進行拼接，形成新的資料，用以後續的模型輸入。

7.2 環境架設

本章及後續章節的下游任務程式環境與第 6 章架設的程式環境一致。

7.3 程式框架

本節介紹的程式框架不僅適用於當前的文字分類任務,還適用於後續章節的自然語言處理下游任務,是本書的核心框架。

絕大多數自然語言處理任務的實際流程可透過圖 7.3 來表徵。流程分為 5 個部分:資料前置處理、模型建構、模型評估、結果分析及模型預測。其中,模型評估部分需要根據不同的自然語言處理任務評估當前模型的好壞。

舉例來說,本章的文字分類任務可以使用 Macro-F1 評估指標來評估模型的好壞,如式 (7.1) ~式 (7.3) 所示。其中,TP 是真陽例,FP 是假陽例,FN 是假陰例,透過該公式得到該類的 F1 值,將每類 F1 值求平均值,即得到 Macro-F1 值。

$$P = \frac{\text{TP}}{\text{TP} + \text{FP}} \qquad (7.1)$$

$$R = \frac{\text{TP}}{\text{TP} + \text{FN}} \qquad (7.2)$$

$$\text{F1} = \frac{2 \times P \times R}{P + R} \qquad (7.3)$$

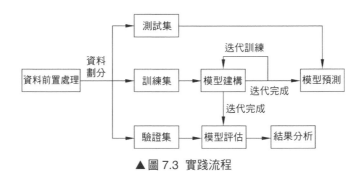

▲ 圖 7.3 實踐流程

自然語言處理程式框架如圖 7.4 所示。本書所有的自然語言處理下游任務程式均基於該架構開發,用以降低整體程式的開發成本,因此,該程式框架具有很強的重複使用性與解耦性。

　　從圖 7.4 可知，整體的程式架構分為 5 個部分：NEZHA、torch_utils、preprocess、postprocess 及核心程式檔案。

　　(1) NEZHA 資料夾：NEZHA 預訓練模型是當前泛化性能比較優秀的中文預訓練模型。為此，本書將使用 NEZHA 預訓練模型作為自然語言處理下游任務的預訓練模型，NEZHA 資料夾中存放的是呼叫 NEZHA 預訓練模型所需要的程式。

　　(2) torch_utils 資料夾：存放一些自然語言處理下游任務所用到的第三方程式檔案。

　　(3) preprocess 資料夾：存放資料前置處理的程式檔案。

　　(4) postprocess 資料夾：有時需要對模型預測出來的結果進行後處理，該資料夾用於存放對模型結果進行後處理的程式檔案。

　　(5) 核心程式檔案：

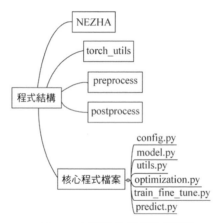

▲ 圖 7.4 自然語言處理程式框架

- config.py：自然語言處理任務的所有路徑與超參數的設置均在此。
- model.py：模型建構的程式檔案。
- utils.py：建構模型輸入所需要的資料迭代器，透過建構資料迭代器，可以將資料按照批次輸入模型，用以模型訓練、驗證與預測。
- optimization.py：建構模型訓練所需要的最佳化器。
- train_fine_tune.py：模型訓練與驗證的程式檔案。該程式檔案透過資料迭代器 utils.py 將訓練集輸入模型進行訓練，並在每輪迭代後，利用驗證集與評估指標對當前模型進行評估與儲存。
- predict.py：對測試集進行預測。

7.4 文字分類實踐

本節程式將按照如圖 7.3 所示的順序進行實踐。

7.4.1 資料前置處理

根據 7.1 節的內容,筆者將每筆文字資料的前 128 個字與後 382 個字進行了拼接,以完成超長文字的資訊儲存,並拋棄容錯資訊。

與此同時,由於深度學習模型無法處理文字資訊,資料前置處理程式檔案還需將原始資料的文字標籤映射成數字標籤,以便模型進行讀取。

超參數與路徑設定檔 config.py 的程式如下:

```python
#chapter7/config.py

class Config(object):
    def __init__(self):
        # 原始資料路徑
        self.base_dir = '/home/wangzhili/de_nch/processed_data/'
        self.save_model = self.base_dir + 'Savemodel/' # 儲存模型路徑
        self.result_file = 'result/'
        self.label_list = ['體育', '娛樂', '家居', '房產', '教育', '時尚', '時政',
'遊戲', '科技', '財經']

        self.warmup_proportion = 0.05              # 慢熱學習比例
        self.use_bert = True

        self.embed_dense = 512
        self.decay_rate = 0.5                      # 學習率衰減參數
        self.train_epoch = 20                      # 訓練迭代次數

        self.learning_rate = 1e-4                  # 下接結構學習率
        self.embed_learning_rate = 5e-5            # 預訓練模型學習率

        self.pretrainning_model = 'nezha'
        if self.pretrainning_model == 'roberta':
            # 中文 roberta-base 預訓練模型存放路徑
            model = '/home/wangzhili/pre_model_roberta_base/'
        elif self.pretrainning_model=='nezha':
            # 中文 nezha-base 預訓練模型存放路徑
            model = '/home/wangzhili/pre_model_nezha_base/'
        else:
            raise KeyError('albert nezha roberta bert bert_wwm is need')
```

```
        self.cls_num = 10                              # 文字分類的總類別
        self.sequence_length = 512                     # 模型輸入的最大長度
        self.batch_size = 6

        self.model_path = model
        self.bert_file = model + 'PyTorch_model.bin'
        self.bert_config_file = model + 'bert_config.json'
        self.vocab_file = model + 'vocab.txt'

        #'ori': 使用原生 BERT, 'dym': 使用動態融合 BERT,'weight': 初始化 12*1 向量
        self.use_origin_bert = 'weight'

        # pooling 的方式：dym、max、mean 和 weight
        self.is_avg_pool = 'weight'

        # 下接結構方式：bilstm 和 bigru
        self.model_type = 'bilstm'

        self.rnn_num = 2
        self.flooding = 0
        self.embed_name = 'bert.embeddings.word_embeddings.weight'      # 詞
        self.restore_file = None
        self.gradient_accumulation_steps = 1
        # 模型預測路徑
        self.checkpoint_path = "/home/wangzhili/ Savemodel/runs_2/1611568898/
model_0.9720_0.9720_0.9720_3500.bin"
```

　　由於中文預訓練模型 NEZHA 與 BERT 模型結構相似，為此，本章詳細參考了 BERT 論文的超參數設置，並基於當前任務資料的特性與裝置資源 (16GB 記憶體的 Tesla 顯卡)，最終在 config.py 檔案中設置了一系列超參數。下面是對 config.py 檔案的一些通用超參數介紹，其他基於當前文字分類任務的超參數將跟隨實踐流程介紹。

　　sequence length 為輸入模型的最大文字長度，根據 7.1 節中的資料長度進行設置，而 batch size 則由當前資料的 sequence length 與 16GB 記憶體的 Tesla 顯卡資源共同決定。

　　warmup proportion 為慢熱學習比例，用來保證前面 0.05 訓練步的學習率較低，避免模型在訓練的開始由於其隨機初始化的權重導致訓練振盪，而後學習率再緩慢趨向於之前設置的學習率。

　　decay rate 是下游網路結構的學習率衰減參數，因為網路結構的學習率隨著訓練處理程序的衰減有助模型更進一步地擬合資料。

learning rate 與 embed learning rate 分別為下游網路結構的學習率與預訓練模型網路結構的學習率，採用分層學習率的原因是預訓練模型 NEZHA 在本書使用之前經過大規模無監督語料的預訓練，需要設置更小的學習率 (5e—5) 進行精細微調，而下游網路結構的權重是在訓練開始時隨機初始化的，所以需要相對較大的學習率 (1e—4) 進行微調。

資料清洗及標籤建構，程式如下：

```
#chapter7/preprocess.py

import pandas as pd
from config import Config
# 讀取超參數與路徑設定檔
config = Config()
# 讀取原始資料集
train_df = pd.read_csv(config.base_dir + 'train.csv', encoding='utf8')
dev_df = pd.read_csv(config.base_dir + 'dev.csv', encoding='utf8')
def cal_text_len(row):
    row_len = len(row)
    if row_len > 256:
        return 256
    elif row_len > 384:
        return 384
    elif row_len > 512:
        return 512
    else:
        return 1024

# 統計文字長度
train_df['text_len'] = train_df['text'].apply(cal_text_len)
dev_df['text_len'] = dev_df['text'].apply(cal_text_len)
print(train_df['text_len'].value_counts())
print(dev_df['text_len'].value_counts())
print('-------------------')

def merge_text(text):
    if len(text) > 512:
        return text
    else:
        return text[:128] + text[-382:]

# 取文字段前 128 個字與後 382 個字作為整體的文字
train_df['sentence'] = train_df['text'].apply(merge_text)
dev_df['sentence'] = dev_df['text'].apply(merge_text)
```

```
train_df['text_len'] = train_df['sentence'].apply(cal_text_len)
dev_df['text_len'] = dev_df['sentence'].apply(cal_text_len)

# 列印文字長度範圍
print(train_df['text_len'].value_counts())
print(dev_df['text_len'].value_counts())

label_list = config.label_list
def make_label(label):
    return label_list.index(label)

# 製作數字標籤
train_df['num_label'] = train_df['label'].apply(make_label)
dev_df['num_label'] = dev_df['label'].apply(make_label)

# 儲存 " 乾淨 " 的資料
train_df[['text', 'sentence', 'label', 'num_label']].to_csv(config.base_dir +
'train.csv', encoding='utf-8')

dev_df[['text', 'sentence', 'label', 'num_label']].to_csv(config.base_dir + 'dev.
csv', encoding='utf-8')
```

7.4.2 模型建構

1. 基礎分類模型

　　基礎分類模型如圖 4.12(a) 所示，模型的組成由預訓練模型的 CLS 向量與簡單的分類層組成。這種分類模型在簡單易分類的巨量資料集中能夠造成很好的效果。

2. 預訓練模型的改進

　　隨著自然語言處理預訓練模型如雨後春筍般接踵而至，越來越多的人對預訓練模型的內部結構產生了不小的興趣。為此，筆者將預訓練模型進行了以下改進。

　　Ganesh Jawahar 等 [1] 透過實驗驗證，預訓練模型的短語表示捕捉了較低層的短語級資訊，而且，BERT 的中間層編碼了豐富的語言資訊層次結構，表面特徵在底部，語法特徵在中間，語義特徵在頂部。當需要長距離相關性資訊時，預訓練模型需要更深的層次資訊。

　　因此，預訓練模型的每層對文字資訊的理解都有所不同。為了更進一步地利用預訓練模型的層次資訊，進而挖掘出有益於當前目標的資訊，本書改變了以往只用預訓練模型的最後一層作為整個文字資訊的表徵,將其改為用 12 層的參數進行加權平均,形成一筆含有 12 層資訊的向量,用以下接後續任務結構。

具體運算邏輯為預訓練模型的每層的表徵賦上一個權重,權重最終在訓練過程中被確定,初始化權重的公式如式 (7.4) 所示,並利用權重將每層的表徵進行加權平均,最後透過 Dense 層降維輸出,如式 (7.5) 所示。其中,Representi 為當前層次的表徵,α_i 為預訓練模型當前表徵的權重。預訓練模型層次資訊的多維度利用如圖 7.5 所示。

$$\alpha_i = \mathrm{Dense}_{\mathrm{unit}=1} \qquad\qquad (7.4)$$

$$\mathrm{Output} = \mathrm{Dense}_{\mathrm{unit}=512}\left(\sum_{i=1}^{n}\alpha_i \cdot \mathrm{Represent}_i\right) \qquad (7.5)$$

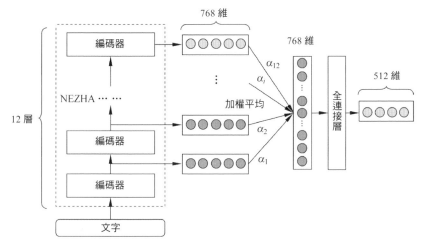

▲ 圖 7.5 預訓練模型層次資訊的多維度利用

3. 下游結構

同樣地,為分類模型增加下游結構也是讓模型獲取更多有益於當前分類任務的資訊。為此,筆者在config.py 檔案中給分類模型增加了 BiLSTM 與 BiGRU 組件。

因為 BiGRU 是在 BiLSTM 的結構基礎上簡化而得,所以 BiLSTM 與 BiGRU 的原理基本一致,而 LSTM 則是在 RNN 的結構上精簡而得,其原理如下:

由於 RNN 的內部網路結構共用一組權值矩陣,而在反向傳播中,由於梯度不斷連乘,所以會導致其數值越來越大或越來越小,從而出現梯度爆炸或梯度消失的情況。

　　長短期記憶 (Long Short-Term Memory，LSTM) 網路模型的提出便是為了緩解梯度爆炸或梯度消失的情況。LSTM 透過簡化 RNN 內部運算邏輯的操作，加強了對有價值資訊的記憶能力，並且適時地放棄容錯資訊，從而加快模型的學習效率。LSTM 的網路結構如圖 7.6 所示。

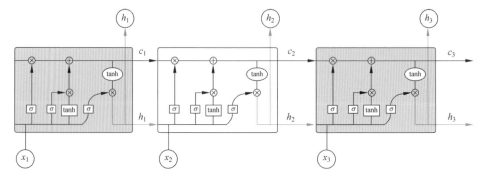

▲ 圖 7.6 LSTM 網路結構圖

　　LSTM 加入了輸入門 (Input Gate)、輸出門 (Output Gate)、遺忘門 (Forget Gate) 和內部記憶單元 (Cell)。

　　輸入門用於控制輸入與當前計算狀態有多少資訊能被更新到記憶單元。輸入門公式如式 (7.6) 所示，其中 (W_i, U_i, b_i) 為輸入門的權值矩陣。輸入門的網路結構如圖 7.7 所示。

$$i_t = \sigma(W_i x_t + U_i h_{t-1} + b_i) \tag{7.6}$$

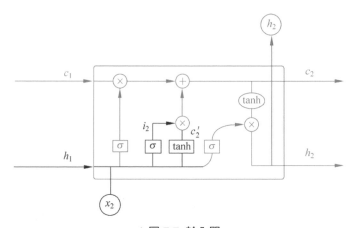

▲ 圖 7.7 輸入門

　　遺忘門用於控制輸入與來自上一層隱藏層的輸出 h 有多少資訊被遺忘。遺忘門公式如式 (7.7) 所示，其中 $(\boldsymbol{W}_{\mathrm{f}}, \boldsymbol{U}_{\mathrm{f}}, \boldsymbol{b}_{\mathrm{f}})$ 為遺忘門的權值矩陣。遺忘門的網路結構如圖 7.8 所示。

$$f_t = \sigma(\boldsymbol{W}_{\mathrm{f}} x_t + \boldsymbol{U}_{\mathrm{f}} h_{t-1} + \boldsymbol{b}_{\mathrm{f}}) \tag{7.7}$$

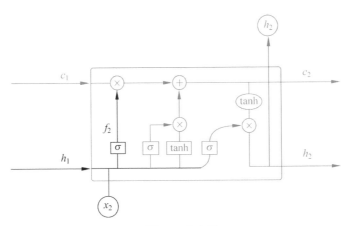

▲圖 7.8　遺忘門

　　內部記憶單元用於儲存有價值的資訊。內部記憶單元公式如式 (7.8) 和式 (7.9) 所示，其中 $(\boldsymbol{W}_{\mathrm{c}}, \boldsymbol{U}_{\mathrm{c}})$ 為內部記憶單元的權值矩陣。內部記憶單元的網路結構如圖 7.9 所示。

$$c'_t = \tanh(\boldsymbol{W}_{\mathrm{c}} x_t + \boldsymbol{U}_{\mathrm{c}} h_{t-1}) \tag{7.8}$$

$$c_t = f_t c_{t-1} + i_t c'_t \tag{7.9}$$

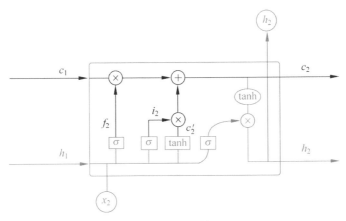

▲圖 7.9　內部記憶單元

輸出門用於控制輸入 X 與當前輸出 o 有多少資訊來自內部記憶單元。輸出門
公式如式 (7.10) 和式 (7.11) 所示，其中 (W_o, U_o, b_o) 為輸出門的權值矩陣。輸出門
的網路結構如圖 7.10 所示。

$$o_t = \sigma(W_o x_t + U_o h_{t-1} + b_o) \tag{7.10}$$

$$h_t = o_t \tanh(c_t) \tag{7.11}$$

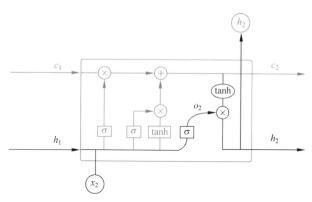

▲ 圖 7.10 輸出門

其中，σ 為 Sigmoid 的激勵函式，因為 Sigmoid 函式的值域為 (0,1)，可以造
成門控作用，而生成候選記憶 C 的激勵函式為 tanh 函式，其值域為 (-1,1)，符合
零中心的特徵分佈，適用於大多數場景，並且在梯度接近 0 時，tanh 函式的收斂
速度比 Sigmoid 函式的收斂速度快。

BiLSTM 則是在 LSTM 的基礎上，對序列資訊進行前向編碼 $h_{forward}$ 與後向編
碼 $h_{backward}$，而後對 $(h_{forward}, h_{backward})$ 拼接 (concat) 輸出，得到序列的前、後方向資訊，
為分類模型補充更多的資訊。

4. 多種 pooling 方式

模型流經下游結構之後，一般需要透過 pooling 的方式降維，以保證模型的
輸出形狀能被後續的分類層所處理。

pooling 的方式通常有 max pooling 與 mean pooling 兩種，前者取每
個 token(字或單字) 的 768 維向量中的最大值，只關注每個 token 的最大的
embedding 值；後者則將每個 token 的 768 維度的值取平均值。

　　兩種 pooling 方式在分類模型中都能取得較好的結果。為此，筆者初始化一個二維權重，分別對 max pooling 與 mean pooling 進行加權融合，形成 dynamic pooling。因為二維權重是在訓練過程中確定的，所以最後確定的權重偏向有益於當前任務的權值。

　　dynamic pooling 不僅可以從權值中看出哪種 pooling 方式更加適合當前任務，避免了人為設置 pooling 方式過程中出現疏忽，而且在兩種 pooling 方式勢均力敵的情況下，模型融入了更多資訊，能夠有效地提升模型的準確率。

　　最終的模型結構如圖 7.11 所示，可以在 config.py 檔案中設置相應的超參數 (self.use_origin_bert,self.model_type,self.is_avg_pool)，將需要的元件置換到整體的模型結構中，從而建構出不同的文字分類模型。

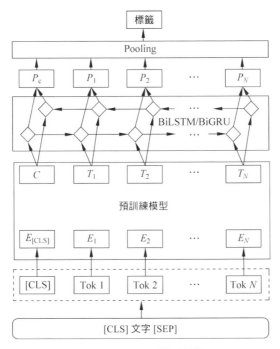

▲ 圖 7.11　分類模型結構

　　模型程式如下：

```
#chapter7/model.py
# 模型建構
class BertForCLS(BertPreTrainedModel):
```

```python
    def __init__(self, config, params):
        super().__init__(config)
        self.params = params
        self.config = config
        # 預訓練模型
        if params.pretrainning_model == 'nezha':
            self.bert = NEZHAModel(config)
        elif params.pretrainning_model == 'albert':
            self.bert = AlbertModel(config)
        else:
            self.bert = RobertaModel(config)

        # 動態權重元件
        self.classifier = nn.Linear(config.hidden_size, 1)
        self.dym_pool = nn.Linear(params.embed_dense, 1)
        self.dense_final = nn.Sequential(nn.Linear(config.hidden_size, params.embed_
dense), nn.ReLU(True))
        self.dense_emb_size = nn.Sequential(nn.Linear(config.hidden_size, params.
embed_dense), nn.ReLU(True))
        self.dym_weight =nn.Parameter(torch.ones((config.num_hidden_layers, 1, 1,
1)), requires_grad=True)
        self.pool_weight = nn.Parameter(torch.ones((params.batch_size, 1, 1, 1)),
requires_grad=True)

        # 下游結構元件
        if params.model_type == 'bilstm':
            num_layers = params.rnn_num
            lstm_num = int(self.params.embed_dense / 2)
            self.lstm = nn.LSTM(self.params.embed_dense, lstm_num,
                    num_layers,
                    batch_first=True,              # 第一維度是否為 batch_size
                    bidirectional=True)            # 雙向
        elif params.model_type == 'bigru':
            num_layers = params.rnn_num
            lstm_num = int(self.params.embed_dense / 2)
            self.lstm = nn.GRU(self.params.embed_dense, lstm_num,
                    num_layers,
                    batch_first=True,              # 第一維度是否為 batch_size
                    bidirectional=True)            # 雙向
        # 全連接分類元件
        self.cls = nn.Linear(params.embed_dense, params.cls_num)
        self.DropOut = nn.DropOut(config.hidden_DropOut_prob)
        if params.pretrainning_model == 'nezha':
            self.apply(self.init_bert_weights)
        else:
            self.init_weights()
        self.reset_params()

    def reset_params(self):
```

```
        nn.init.xavier_normal_(self.dym_weight)

    def get_dym_layer(self, outputs):
        layer_logits = []
        all_encoder_layers = outputs[1:]
        for i, layer in enumerate(all_encoder_layers):
            layer_logits.append(self.classifier(layer))
        layer_logits = torch.cat(layer_logits, 2)
        layer_dist = torch.nn.functional.Softmax(layer_logits)
        seq_out = torch.cat([torch.unsqueeze(x, 2) for x in all_encoder_layers],
dim=2)
        pooled_output = torch.matmul(torch.unsqueeze(layer_dist, 2), seq_out)
        pooled_output = torch.squeeze(pooled_output, 2)
        word_embed = self.dense_final(pooled_output)
        dym_layer = word_embed
        return dym_layer

    def get_weight_layer(self, outputs):
        """
        獲取動態權重融合後的bert output(num_layer維度)
        :param outputs: origin bert output
        :return: sequence_output: (batch_size, seq_len, hidden_size)
        """
        #(bert_layer, batch_size, sequence_length, hidden_size)
        hidden_stack = torch.stack(outputs[1:], dim=0)

        #(batch_size, seq_len, hidden_size)
        sequence_output = torch.sum(hidden_stack * self.dym_weight,
                            dim=0)
        return sequence_output

    def forward(self, input_ids, attention_mask=None, token_type_ids=None,
            position_ids=None, head_mask=None,
            cls_label=None):

        # 預訓練模型
        if self.params.pretrainning_model == 'nezha':
            encoded_layers, ori_pooled_output = self.bert(
                input_ids,
                attention_mask=attention_mask,
                token_type_ids=token_type_ids,
                output_all_encoded_layers=True
            )
            sequence_output = encoded_layers[-1]
        else:
            sequence_output, ori_pooled_output, encoded_layers,att = self.bert(
                input_ids,
```

```
                attention_mask=attention_mask,
                token_type_ids=token_type_ids,
        )

    # 對預訓練模型的改進：動態權重融合
    if self.params.use_origin_bert == 'dym':
        sequence_output = self.get_dym_layer(encoded_layers)
    elif self.params.use_origin_bert == 'weight':
        sequence_output = self.get_weight_layer(encoded_layers)
        sequence_output = self.dense_final(sequence_output)
    else:
        sequence_output = self.dense_final(sequence_output)

    # 下游結構
    if self.params.model_type in ['bilstm', 'bigru']:
        sequence_output = self.lstm(sequence_output)[0]

    #pooling 方式
    if self.params.is_avg_pool == 'max':
        pooled_output = torch.nn.functional.max_pool1d(sequence_output.transpose(1,2),
        self.params.sequence_length)
        pooled_output = torch.squeeze(pooled_output, -1)

    elif self.params.is_avg_pool == 'mean':
        pooled_output = torch.nn.functional.avg_pool1d(sequence_output.transpose(1,2),
        self.params.sequence_length)
        pooled_output = torch.squeeze(pooled_output, -1)

    elif self.params.is_avg_pool == 'dym':
        maxpooled_output = torch.nn.functional.max_pool1d(sequence_output.
transpose(1,2),
        self.params.sequence_length)

        maxpooled_output = torch.squeeze(maxpooled_output, -1)
        meanpooled_output = torch.nn.functional.avg_pool1d(sequence_output.
transpose(1,2),
        self.params.sequence_length)
        meanpooled_output = torch.squeeze(meanpooled_output, -1)

        pooled_output = self.dym_pooling1d(meanpooled_output, maxpooled_output)
    elif self.params.is_avg_pool == 'weight':
        maxpooled_output = torch.nn.functional.max_pool1d(sequence_output.
transpose(1,2),
        self.params.sequence_length)

        maxpooled_output = torch.squeeze(maxpooled_output, -1)
        meanpooled_output = torch.nn.functional.avg_pool1d(sequence_output.
```

```
transpose(1,2),
        self.params.sequence_length)

        meanpooled_output = torch.squeeze(meanpooled_output, -1)
        pooled_output = self.weight_pooling1d(meanpooled_output, maxpooled_output)
    else:
        pooled_output = ori_pooled_output
        pooled_output = self.dense_emb_size(pooled_output)

    # 分類
    cls_output = self.DropOut(pooled_output)
    classifier_logits = self.cls(cls_output)      #[bacth_size*]

    if cls_label is not None:                       # 訓練過程
        class_loss = nn.CrossEntropyLoss()(classifier_logits, cls_label)
        outputs = class_loss, classifier_logits, encoded_layers
    else:                                           # 預測過程
        outputs = classifier_logits, encoded_layers
    return outputs

def dym_pooling1d(self, avpooled_out, maxpooled_out):
    pooled_output = [avpooled_out, maxpooled_out]
    pool_logits = []
    for i, layer in enumerate(pooled_output):
        pool_logits.append(self.dym_pool(layer))
    pool_logits = torch.cat(pool_logits, -1)
    pool_dist = torch.nn.functional.Softmax(pool_logits)
    pooled_out = torch.cat([torch.unsqueeze(x, 2) for x in pooled_output], dim=2)
    pooled_out = torch.unsqueeze(pooled_out, 1)
    pool_dist = torch.unsqueeze(pool_dist, 2)
    pool_dist = torch.unsqueeze(pool_dist, 1)
    pooled_output = torch.matmul(pooled_out, pool_dist)
    pooled_output = torch.squeeze(pooled_output)
    return pooled_output

def weight_pooling1d(self, avpooled_out, maxpooled_out):
    outputs = [avpooled_out, maxpooled_out]

    #(batch_size, 1, hidden_size,2)
    hidden_stack = torch.unsqueeze(torch.stack(outputs, dim=-1), dim=1)
    #(batch_size, seq_len, hidden_size[embedding_dim])
    sequence_output = torch.sum(hidden_stack * self.pool_weight,
                                dim=-1)
    sequence_output = torch.squeeze(sequence_output)
    return sequence_output
```

7.4.3 資料迭代器

　　資料迭代器的核心功能是將原始文字與標籤轉換成一批批資料,並將其輸入模型進行迭代訓練或預測。

　　如圖 7.12 所示,資料迭代器內部運算邏輯主要是將文字切分成一個個 token 的形式,並透過預訓練模型附帶的字典 vocab.txt,將 token 轉換成相應的字典數字索引。

　　與此同時,相應的文字標籤也轉換成電腦能夠理解的數字格式。

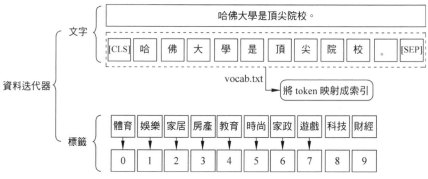

▲ 圖 7.12 資料迭代器內部運算邏輯

　　資料迭代器的核心程式如下:

```
#chapter7/utils.py
# 資料迭代器
class DataIterator:
    def __init__(self, batch_size, data_file, tokenizer, use_bert=False, seq_
length=100, is_test=False):
        self.data_file = data_file
        self.data = get_examples(data_file)
        self.batch_size = batch_size
        self.use_bert = use_bert
        self.seq_length = seq_length
        self.num_records = len(self.data)
        self.all_tags = []
        self.idx = 0                                 # 資料索引
        self.all_idx = list(range(self.num_records))  # 全體資料索引
        self.is_test = is_test
        if not self.is_test:
            self.shuffle()
        self.tokenizer = tokenizer
```

```python
        print(self.num_records)

    def convert_single_example(self, example_idx):
        sentence = self.data[example_idx].sentence

        label = self.data[example_idx].label
        """ 得到 input 的 token-----start-------"""
        q_tokens = []
        ntokens = []
        segment_ids = []
        ntokens.append("[CLS]")
        segment_ids.append(0)
        # 得到 text_a 的 token
        for word in sentence:
            token = self.tokenizer.tokenize(word)
            q_tokens.extend(token)
        # 把 token 加入所有字的 token 中

        for token in q_tokens:
            ntokens.append(token)
            segment_ids.append(0)
        ntokens.append("[SEP]")
        segment_ids.append(1)

        ntokens = ntokens[:self.seq_length - 1]
        segment_ids = segment_ids[:self.seq_length - 1]

        ntokens.append("[SEP]")
        segment_ids.append(1)
        """ 得到 input 的 token-------end--------"""

        """token2id---start---"""
        input_ids = self.tokenizer.convert_tokens_to_ids(ntokens)
        input_mask = [1] * len(input_ids)

        while len(input_ids)  self.seq_length:
            input_ids.append(0)
            input_mask.append(0)
            segment_ids.append(0)
            ntokens.append("**NULL**")

        assert len(input_ids) == self.seq_length
        assert len(input_mask) == self.seq_length
        assert len(segment_ids) == self.seq_length
        """token2id ---end---"""
        return input_ids, input_mask, segment_ids, label
```

```
    def shuffle(self):
        np.random.shuffle(self.all_idx)

    def __iter__(self):
        return self

    def __next__(self):
        # 迭代停止條件
        if self.idx = self.num_records:
            self.idx = 0
            if not self.is_test:
                self.shuffle()
            raise StopIteration

        input_ids_list = []
        input_mask_list = []
        segment_ids_list = []
        label_list = []
        num_tags = 0
        while num_tags  self.batch_size: # 每次傳回 batch_size 個資料
            idx = self.all_idx[self.idx]
            res = self.convert_single_example(idx)
            if res is None:
                self.idx += 1
                if self.idx = self.num_records:
                    break
                continue
            input_ids, input_mask, segment_ids, labels = res

            # 一個 batch 的輸入
            input_ids_list.append(input_ids)
            input_mask_list.append(input_mask)
            segment_ids_list.append(segment_ids)
            label_list.append(labels)
            if self.use_bert:
                num_tags += 1

            self.idx += 1
            if self.idx >= self.num_records:
                break
        return input_ids_list, input_mask_list, segment_ids_list, label_list,
self.seq_length
```

7.4.4 模型訓練

模型訓練的過程分為 3 個部分：設置分層學習率、微調訓練、驗證與儲存。

1. 設置分層學習率

　　7.4.1節提到config.py檔案中的learning rate與embed learning rate兩個超參數，它們是設置分層學習率的關鍵，如圖7.13所示。

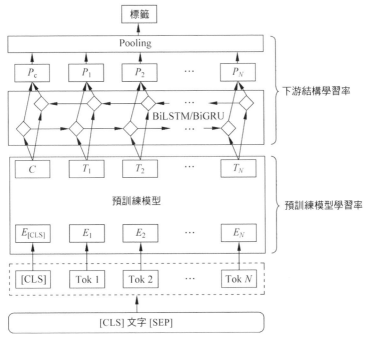

▲ 圖 7.13　分層學習率設置

2. 微調訓練

　　透過設置分層學習率，模型在不同的學習率中進行迭代訓練，最後趨於收斂的過程是微調。

3. 驗證與儲存

　　在 train_fine_tune.py 檔案中有一個 set_test() 函式，其用途是在模型每個 epoch 訓練結束之後，對模型的這一輪迭代進行評估，並儲存相應的模型。迴圈反覆，直至訓練完成，程式如下：

```
#chapter7/train_fine_tune.py
def train(train_iter, test_iter, config):
```

```
    if config.pretrainning_model == 'nezha':
        Bert_config = BertConfig.from_json_file(config.bert_config_file)
        model = BertForCLS(config=Bert_config, params=config)
        nezha_utils.torch_init_model(model, config.bert_file)
    elif config.pretrainning_model == 'albert':
        Bert_config = AlbertConfig.from_pretrained(config.model_path)
        model = BertForCLS.from_pretrained(config.model_path, config=Bert_config)
    else:
        Bert_config = RobertaConfig.from_pretrained(config.bert_config_file, output_
hidden_states=True)
        Bert_config.output_hidden_states = True          # 獲取每層的輸出
        Bert_config.output_attentions = True             # 獲取每層的 attention
        model = BertForCLS.from_pretrained(config=Bert_config,  params=config,
pretrained_model_name_or_path=config.model_path)
    if config.restore_file is not None:
        logging.info("Restoring parameters from {}".format(config.restore_file))
        # 讀取 checkpoint
        model, optimizer = load_checkpoint(config.restore_file)
                                            model.to(device)


    """ 多卡訓練 """
    if n_gpu > 1:
        model = torch.nn.DataParallel(model)
    #optimizer
    #Prepare optimizer
    #fine-tuning
    # 取餘型權重
    param_optimizer = list(model.named_parameters())
    # 預訓練模型參數
    param_pre = [(n, p) for n, p in param_optimizer if 'bert' in n and 'head_
weight' not in n]
    # 將 NEZHA 命名為 bert
    # 下游結構參數
    param_middle = [(n, p) for n, p in param_optimizer if 'bert' not in n and
'head_weight' not in n]
    param_head=[(n, p) for n, p in param_optimizer if 'head_weight' in n]
    # 不進行衰減的權重
    no_decay = ['bias', 'LayerNorm', 'dym_weight', 'layer_norm']
    # 將權重分組
    optimizer_grouped_parameters = [
        #pretrain model param
        # 衰減
        {'params': [p for n, p in param_pre if not any(nd in n for nd in no_decay)],
        'weight_decay': config.decay_rate, 'lr': config.embed_learning_rate
        },
        # 不衰減
        {'params': [p for n, p in param_pre if any(nd in n for nd in no_decay)],
```

```
      'weight_decay': 0.0, 'lr': config.embed_learning_rate
      },
      #middle model
      # 衰減
      {'params': [p for n, p in param_middle if not any(nd in n for nd in no_
decay)],
      'weight_decay': config.decay_rate, 'lr': config.learning_rate
      },
      # 不衰減
      {'params': [p for n, p in param_middle if any(nd in n for nd in no_decay)],
       'weight_decay': 0.0, 'lr': config.learning_rate
       },
      #head model
      # 衰減
      {'params': [p for n, p in param_head if not any(nd in n for nd in no_
decay)],
      'weight_decay': config.decay_rate, 'lr': 1e-1
       },
      # 不衰減
      {'params': [p for n, p in param_head if any(nd in n for nd in no_decay)],
       'weight_decay': 0.0, 'lr': 1e-1
       }
   ]
   num_train_optimization_steps = train_iter.num_records //config.gradient_
accumulation_steps * config.train_epoch
   optimizer = BertAdam(optimizer_grouped_parameters, warmup=config.warmup_
proportion, schedule="warmup_cosine",
                              t_total=num_train_optimization_steps)
   best_acc = 0.0
   cum_step = 0
   timestamp = str(int(time.time()))
   out_dir = os.path.abspath(
       os.path.join(config.save_model, "runs_" + str(gpu_id), timestamp))
   if not os.path.exists(out_dir):
       os.makedirs(out_dir)
print("Writing to {}\n".format(out_dir))
# 訓練
   for i in range(config.train_epoch):
       model.train()
       for input_ids, input_mask, segment_ids, cls_list, seq_length in
tqdm(train_iter):
           # 轉換成張量
           loss,_,_ = model(input_ids=list2ts2device(input_ids),
                   token_type_ids=list2ts2device(segment_ids),
                   attention_mask=list2ts2device(input_mask),
                   cls_label=list2ts2device(cls_list))
           if n_gpu > 1:
               loss = loss.mean() #mean() to average on multi-gpu.
```

```
            # 梯度累加
            if config.gradient_accumulation_steps > 1:
                loss = loss / config.gradient_accumulation_steps
            if cum_step % 10 == 0:
                format_str = 'step {}, loss {:.4f} lr {:.5f}'
                print(
                    format_str.format(
                        cum_step, loss, config.learning_rate)
                )
            if config.flooding:
                loss = (loss - config.flooding).abs() + config.flooding
            loss.backward() # 反向傳播，得到正常的 grad
            if (cum_step + 1) % config.gradient_accumulation_steps == 0:
                optimizer.step()
                model.zero_grad()


        cum_step += 1
    F1, P, R = set_test(model, test_iter)
    #lr_scheduler 學習率遞減 step
    print('dev set : step_{},F1_{},P_{},R_{}'.format(cum_step, F1, P, R))
    if F1  best_acc: # 儲存模型
        #Save a trained model
        best_acc=F1
        model_to_save = model.module if hasattr(model, 'module') else model
        output_model_file = os.path.join(
            os.path.join(out_dir, 'model_{:.4f}_{:.4f}_{:.4f}_{}.bin'.
format(F1, P, R, str(cum_step)))))
        torch.save(model_to_save, output_model_file)


def set_test(model, test_iter):
    if not test_iter.is_test:
        test_iter.is_test = True
    model.eval()
    with torch.no_grad():
        true_label = []
        pred_label = []
        for input_ids, input_mask, segment_ids, cls_label, seq_length in tqdm(
                                                    test_iter):
            input_ids = list2ts2device(input_ids)
            input_mask = list2ts2device(input_mask)
            segment_ids = list2ts2device(segment_ids)
            y_preds,_ = model(input_ids=input_ids, token_type_ids=segment_ids,
attention_mask=input_mask)
            cls_pred = y_preds.detach().cpu()
            cls_probs = Softmax(cls_pred.NumPy())
            cls_pre = np.argmax(cls_probs, axis=-1)
```

```
        true_label += list(cls_label)
        pred_label += list(cls_pre)
    # 評估模型
    F1 = f1_score(true_label, pred_label, average='micro')
    R = recall_score(true_label, pred_label, average='micro')
    P = precision_score(true_label, pred_label, average='micro')
    logging.info(classification_report(true_label, pred_label))
    return F1, P, R
```

7.4.5 模型預測

模型預測與 train_fune_tune.py 檔案的 set_test() 函式差不多，只不過 predict.
py 檔案讀取已儲存的模型後預測測試集，而 train_fine_tune.py 檔案中的 set_test()
函式則直接用訓練過程的模型對驗證集進行預測，程式如下：

```
#chapter7/predict.py
def set_test(test_iter, model_file):
    model = torch.load(model_file) # 讀取儲存的模型
    device = torch.device("CUDA" if torch.CUDA.is_available() else "cpu")
    model.to(device)
    logger.info("***** Running Prediction *****")
    logger.info("  Predict Path = %s", model_file)
    model.eval()
    pred_label_list = []
    for input_ids, input_mask, segment_ids, cls_label, seq_length in tqdm(
                                                        test_iter):
        input_ids = list2ts2device(input_ids)
        input_mask = list2ts2device(input_mask)
        segment_ids = list2ts2device(segment_ids)
        y_preds, _ = model(input_ids=input_ids, token_type_ids=segment_ids,
attention_mask=input_mask)
        cls_pred = y_preds.detach().cpu()
        cls_probs = Softmax(cls_pred.NumPy())
        cls_pre = np.argmax(cls_probs, axis=-1)
        pred_label_list += list(cls_pre)

    print(len(pred_label_list))
    test_result_pd = pd.read_csv(config.base_dir + 'dev.csv', encoding='utf8')
    test_result_pd['pred'] = pred_label_list
    true_list = test_result_pd['num_label'].tolist()
    from sklearn.metrics import f1_score
    F1 = f1_score(true_list, pred_label_list, average='micro')
    print('F1:', F1)
    test_result_pd.to_csv(config.base_dir + 'result.csv', index=False,
encoding='utf-8')
```

7.5 小結

　　分類問題是自然語言處理領域的重要課題。本章利用預訓練模型與下游結構網路構造了幾種當前業界較為新穎的文字分類模型，它們能有效地提高文字分類的準確性。另外，本章以文字分類任務為切入點，介紹了自然語言處理下游任務的程式框架，在幫助讀者掌握文字分類任務的同時，也規劃了本書自然語言處理任務的程式學習方法。本章的程式框架為本書的精華所在，其將貫穿本書所有自然語言處理下游任務章節，具有學習成本低、結構解耦性強、程式重複使用率高的特點。

　　因此，筆者希望讀者力求掌握本章的程式框架，方便後續章節的學習。

第 8 章
機器閱讀理解

機器閱讀理解 (MRC) 是理解自然語言文字語義並解答相關問題的一種技術。該任務通常被用來衡量機器對自然語言的理解能力，可以幫助人類從大量文字中快速聚焦相關資訊，降低人工資訊獲取成本，在文字問答、資訊取出、對話系統等領域具有高的應用價值。隨著深度學習的發展，機器閱讀理解各項任務的性能提升顯著，受到工業界和學術界的廣泛關注。基於預訓練的閱讀理解模型甚至超過了人類的水準，並在許多實際應用中嶄露頭角，逐漸成為自然語言處理領域的研究熱點之一。隨著巨量資料時代的來臨，機器閱讀理解帶來的自動化和智慧化將極大地解放勞動力，並在人類社會有著廣闊的應用空間和深遠的意義。

8.1　機器閱讀理解的定義

機器閱讀理解利用人工智慧技術為電腦賦予了閱讀、分析和歸納文字的能力。它透過給定上下文，要求機器根據上下文回答問題，從而測試機器理解自然語言的程度。

根據機器閱讀理解的定義，研究人員通常將機器閱讀理解形式化為一個關於 (文件、問題和答案) 三元組的監督學習問題。其明確的定義如式 (8.1) 所示，給定一個訓練資料集，其中 P 是文件集，Q 是問題集，A 是答案集。目標是學習一個函式，要求目標函式對文件深入理解，能實現對問題進行推理與求解。

$$F(P,Q) \rightarrow A \qquad (8.1)$$

根據答案的類型，機器閱讀理解常見的任務主要分為克漏字、多項選擇、部分取出和自由回答。近年來，隨著機器閱讀理解研究工作的不斷發展，機器閱讀理解又出現了新的任務，主要包括基於知識的機器閱讀理解、不可答問題的機器閱讀理解、多文字機器閱讀理解和對話型問題回答。

8.1.1 克漏字

克漏字是最早出現的閱讀理解任務，任務設計的靈感來源於測試學生閱讀理解能力的克漏字題，透過設計同樣的問題旨在測試機器對文字的理解能力。第 4 章中提及的 BERT 預訓練策略 (Mask LM) 即為一個典型的克漏字任務：根據給定的一段文字，模型預測文字中被移除的字或詞。

由於填空型閱讀理解的任務偏向於早期且應用場景少，國內對此的研究較少，故經典資料集多為英文資料集，如 CNN&Daily[1]、CMailBT[2]、LAMBADA[3] 和 Who-did-What[4] 等。

隨著中文閱讀理解研究工作的深入，科大訊飛發佈了中文克漏字資料集，如《人民日報》和《兒童童話》資料集[5]，如圖 8.1 所示。《人民日報》資料集中的每個樣本包含上下文相關的 10 個句子，其中 XXXXX 代表缺少的詞語。該任務要求模型在對應的位置預測出正確答案。此外，部分資料的答案還給定了候選集，要求模型從候選集找到最匹配的答案填入。

如圖 8.2 所示，清華大學電腦系人工智慧研究所發佈的 ChID 資料集則是利用 #idiom# 標識符號對給定文字段的成語進行隨機掩蓋，要求模型能夠從候選的成語中選擇一個最適合的答案。

填空類任務能根據隨機掩蓋的策略獲得大量標籤，並且對文字深層關係推理要求偏低，因此預訓練模型在該任務上的性能表現超過了人類平均水準。然而，克漏字任務的實際應用面偏窄且應用價值低，因而其相關研究逐漸被其他任務所頂替。

DOC	1|| 人民網 1 月 1 日訊，據《紐約時報》報導，美國華爾街股市在 2013 後的最後一天繼續上漲，和全球股市一樣，都以最高紀錄或接近最高紀錄結束本年的交易。 2||《紐約時報》報導說，標普 500 指數信今年上升 29.6%，為 1997 年以來的最大漲幅。 3|| 道瓊斯工業平均指數上升 26.5%。為 1996 年以來的漲幅。 4|| 納斯達克上漲 38.3%。 5|| 就 12 月 31 來說，由於就業前景看好和經濟增長明年可能加速，消費者信心上升。 6|| 工商協進會報告，12 月消費者信心上升到 78.1，具顯高於 11 月的 72。 7|| 另據《華爾街日報》報導，2013 年是 1995 年以來美國股市表現最好的一年。 8|| 這一年裡，投資美國股市的明智做法是追著「傻錢」跑。 9|| 所謂的「傻錢」×××××，其實就是買入並持有美國股票這樣的普通組合。 10|| 這個策略要比對沖基金和其他專業投資者使用的更為複雜的投資方法效果好得多。
Question	所謂的「傻錢」×××××其實就是買入並持有美國股票這樣的普通組合。
Answer	策略

▲ 圖 8.1 克漏字閱讀理解 (《人民日報》資料集)

Content	世錦賽的整體水準遠高於亞洲杯，要如同亞洲杯那樣「魚與熊掌兼得」，就需要各方面密切配合、#idiom#。作為主帥的俞覺敏，除了得打破保守思想，敢於破格用人，還得巧於用兵、#idiom#、靈活排陣，指揮得當，力爭透過比賽推新人、出佳績、出新的戰鬥力。
Candidates 1	「憑空捏造」「高頭大馬」「通力合作」「同舟共濟」「和衷共濟」「蓬頭垢面」「緊鑼密鼓」
Answer 1	通力合作
Candidates 2	「叫苦連天」「量體裁衣」「金榜題名」「百戰不殆」「知己知彼」「有的放矢」「風流才子」
Answer 2	有的放矢

▲圖 8.2　克漏字閱讀理解 (ChID 漢語成語克漏字資料集)

8.1.2　多項選擇

多項選擇是一項具有挑戰性的任務。任務定義為給定上下文 C、問題 Q 及候選答案列表 $\{a_1, a_2, \cdots, a_n\}$，要求模型從中選擇正確的答案 a_i，以最大化條件機率 $P(a_i \mid C,Q,A)$。它與克漏字的區別是答案不再侷限於單字或實體，並且會提供候選答案列表，其典型的資料集有 RACE[6] 等，如圖 8.3 所示。

Multiple Choice		
RACE [36]	Context:	If you have a cold or flu, you must always deal with used tissues carefully. Do not leave dirty tissues on your desk or on the floor. Someone else must pick these up and viruses could be passed on.
	Question:	Dealing with used tissues properly is important because _____.
	Options:	A. it helps keep your classroom tidy B. people hate picking up dirty tissues C. it prevents the spread of colds and flu D. picking up lots of tissues is hard work
	Answer:	C

▲圖 8.3　克漏字閱讀理解案例 (RACE 資料)

RACE 資料集來自中國學生的國、高中英文考試，是目前使用最廣泛的大規模選擇型閱讀理解資料集之一。它有以下幾個特點：

(1) 所有的問題和候選項都來自於專家，可以被極佳地用來測試人類的閱讀理解能力。

(2) 候選項可能不出現在問題和文字中，這使該任務更加具有挑戰性。

(3) 問題和答案不僅是簡單的文字詞語重複，很可能是文字詞語的複述表達。

(4) 具有多種推理類型，包括細節推理、全域推理、文章總結、態度分析、世界知識等。

顯而易見，這類多項選擇式的閱讀理解題存在著深層次的 (如「文章總結」和「態度分析」等) 題型，考驗模型對文字深層次語義資訊的理解能力。隨著深度學習網路層次的加深及 BERT 等預訓練模型的提出，模型對語義的理解獲得了很大提升，如圖 8.4 所示。目前該任務的最佳準確率已經達到了 93.1%，離人類的平均水準 94.5% 的準確率已經非常接近。雖然此類任務的應用價值不大，但對模型的能力有著很強的驗證作用。

View	Accuracy ∨							🖉 Edit
RANK	MODEL	ACCURACY ↑	ACCURACY (HIGH)	ACCURACY (MIDDLE)	PAPER	CODE	RESULT	YEAR
1	Megatron-BERT (ensemble)	90.9	93.1	90.0	Megatron-LM: Training Multi-Billion Parameter Language Models Using Model Parallelism	○	⤴	2020
2	ALBERTxxlarge+DUMA (ensemble)	89.8	92.6	88.7	DUMA: Reading Comprehension with Transposition Thinking		⤴	2020
3	Megatron-BERT	89.5	91.8	88.6	Megatron-LM: Training Multi-Billion Parameter Language Models Using Model Parallelism	○	⤴	2020
4	DeBERTalarge	86.8			DeBERTa: Decoding-enhanced BERT with Disentangled Attention	○	⤴	2020
5	B10-10-10	85.7	84.4	88.8	Funnel-Transformer: Filtering out Sequential Redundancy for Efficient Language Processing	○	⤴	2020
6	XLNet	85.4	84.0	88.6	XLNet: Generalized Autoregressive Pretraining for Language Understanding	○	⤴	2019
7	RoBERTa	83.2	81.3	86.5	RoBERTa: A Robustly Optimized BERT Pretraining Approach	○	⤴	2019

▲ 圖 8.4 RACE 資料集榜單

8.1.3 部分取出

儘管克漏字和多項選擇可以在一定程度上衡量機器理解自然語言的能力，但這些任務都存在局限性，例如回答提問者提出的問題需要整個句子而非單字或短語實體，而且在很多實際應用情況下並沒有給定候選答案。部分取出可以克服這些弱點。根據給定上下文和問題，部分取出要求機器從相應的上下文中提取一段文字作為答案。部分取出是大部分情況下更常見的任務，即取出式的閱讀理

解。此任務定義為給定 $C=\{t_1,t_2,\cdots,t_n\}$ 和問題 Q，部分取出要求模型從下文中取出連續的子序列 $a=\{t_i,t_{i+1},\cdots,t_{i+k}\}(1 \le i \le i+k \le n)$ 作為正確答案以最大化條件機率 $P(a|C,Q)$。如圖 8.5 所示，給定一個與疫情相關的政策檔案，任務要求模型能夠理解文件的語義資訊，根據不同的問題取出不同的答案。

段落

　　工業和資訊化部組織開展負壓救護車重點生產企業督導檢查。2020 年 2 月 4 日，為做好新型冠狀病毒感染的肺炎疫情防控物資保障工作，加強負壓救護車生產品質檢查工作，工業和資訊化部裝備工業一司會同國家衛健委、國家藥監局相關司局赴北京北鈴專用汽車有限公司進行督導檢查，重點了解企業生產及檢測過程、產品品質和生產一致性保障能力、安全生產工作等情況。與此同時，工業和資訊化部裝備工業一司委託河南、江蘇、山東、天津等省 (市) 工業和資訊化主管部門分別對轄區內生產負壓救護車、負壓裝置等關鍵零組件的企業開展督導檢查，了解並協調解決企業生產過程中遇到的困難和問題，確保產品品質並按時交付，為疫情防控工作做出積極貢獻。

問題 1

　　工業和資訊化部到哪家企業進行督導檢查？

答案

　　北京北鈴專用汽車有限公司

問題 2

　　工業和資訊化部什麼時候去企業進行監督檢查？

答案

　　2020 年 2 月 4 日

▲ 圖 8.5　部分取出閱讀理解案例 (疫情問答幫手資料)

　　此類任務的資料集也常被用來驗證預訓練模型的能力，如 SQuAD[7]、NewsQA[8]、TriviaQA[9] 和 DuoRC[10] 等。以更權威的 SQuAD 為例，SQuAD 是史丹佛大學於 2016 年推出的取出式閱讀理解資料集：給定一篇文章與相應問題，任務要求模型給出問題的答案。此資料集選自維基百科，資料量為當今其他資料集的幾十倍。該資料集一共有 107785 個問題，以及配套的 536 篇文章。2018 哈爾濱工業大學發佈的 CMRC2018[11] 中文資料集收集了維基百科的多篇文件及高品質的標注，用來衡量中文預訓練模型的性能。

　　與克漏字和多項選擇相比，部分取出在答案的靈活性方面獲得了很大的進步，更加適合解決實際中的問題，是近些年大部分學者競相追逐的熱點。

8.1.4　自由回答

　　自由回答由於常用文字生成的方法來解決，故又被稱為生成式閱讀理解任務。相較於克漏字、多項選擇和部分取出，自由回答更符合實際的應用，但在現實應用中依舊存在著很大的限制，因為從文字中取出的答案仍然存在不符合實際的情況。為了回答這些問題，機器需要總結所有文件的資訊，並對多段文字進行推理。在這 4 個任務中，自由回答是最複雜的，因為它的回答形式沒有限制，但更適合實際應用場景。與其他任務相比，自由回答減少了很多限制，更注重於使用自由形式的自然語言來更進一步地回答問題。

自由回答給定了多個上下文 C 和問題 Q，正確答案 a 可能並不是所有給定文章集合中的子序列。自由回答需要模型能夠針對提出的問題預測正確答案以最大化條件機率 $P(a|C,Q)$。

2018 年百度提出了一個大規模的開放域中文機器閱讀理解資料集 DuReader[12]，如圖 8.6 所示。其中包含搜尋引擎使用者註釋的 20 萬個問題。相比其他的 MRC 資料集，DuReader 資料集開放域所有的問題、原文都來源於實際資料 (百度搜尋引擎資料和百度知道問答社區)，答案則由人類回答。此外，該資料集包含大量之前很少研究的是非和觀點類的樣本。每個問題都對應多個答案，資料集包含 20 萬個問題、100 萬筆原文和 42 萬個答案，是目前最大的中文自由回答類的資料集。

	Fact	Opinion
Entity	iPhone 哪天發佈 On which day will iPhone be released	2017 年最好看的十部電影 Top 10 movies of 2017
Descruotuib	消防車為什麼是紅色的 Why are firetrucks red	豐田卡羅拉怎麼樣 How is Toyota Carola
YesNo	39.5℃算高燒嗎 Is 39.5 degree a high fever	學圍棋能開發智力嗎 Does learning to play go improve intelligence

▲ 圖 8.6 自由回答閱讀理解案例 (DuReader 資料集)

近年來，由於更符合人類互動的真實應用場景，自由回答被更多學者所研究，但由於自由回答要求模型對文字的理解更深入，而生成任務中遞迴式的解碼方法讓模型在推理任務中的速度受到影響，因此相關模型在性能和效果上都有著一定的進步空間。

8.1.5　其他任務

常見的 MRC 任務用以上 4 種足以概括。根據具體的應用場景和任務中的問題，又衍生出了一些新的任務，如知識庫回答、不可回答的機器閱讀理解、多文件機器閱讀理解及階段式機器閱讀理解。

1.　知識庫回答

與現實應用中的問題相比，人工生成的問題通常過於簡單。在人類閱讀理解的過程中，當不能簡單地透過了解上下文來回答問題時，人類可以使用常識。外部知識是 MRC 和人類閱讀理解之間的最大差距，因此，研究界將外部知識引入機器閱讀理解任務中，基於知識庫的機器閱讀理解應運而生。

知識庫回答和傳統閱讀理解的差異主要表現在輸入部分，傳統方法的輸入是文字和問題，而知識庫回答的輸入是文字、問題及知識庫。如圖 8.7 所示的 KBMRC[13] 資料集，無論是人還是模型都無法從上下文中得到樹木為什麼重要的答案。然而，眾所皆知，樹木很重要是因為它們透過光合作用吸收二氧化碳並產生氧氣，而非因為它們是綠色的。MCScripts[14] 是一個關於人類日常活動的資料集，常用來給模型提供一些超出給定上下文的常識。

MCScripts	
Context:	Before you plant a tree, you must contact the utility company. They will come to your property and mark out utility lines Without doing this, you may dig down and hit a line, which can be lethal ！ Once you know where to dig, select what type of tree you want. Take things into consideration such as how much sun it gets, what zone you are in, and how quickly you want it to grow. Dig a hole large enough for the tree and roots. Place the tree in the hole and then fill the hole back up with dirt …
Question: Candidate Answers:	Why are trees important? A.create O2B. because they are green

▲ 圖 8.7　知識庫回答案例 (KBMRC 資料集)

2.　不可回答的機器閱讀理解

大部分機器閱讀理解任務的背後都存在一個潛在的假設，即正確的答案總是存在於給定的上下文中，然而這和實際情況並不符。一篇文章涵蓋的知識範圍是有限的，因此，根據給定的上下文，一些問題不可避免地沒有答案。一個成熟可靠的機器閱讀理解模型應該區分那些無法回答的問題。帶有不可回答問題的機器閱讀理解任務由兩個子任務組成，可回答性檢測和閱讀理解。這個新任務可以定義為給定上下文和問題，即機器首先基於給定的上下文確定是否可以回答，如果問題不能回答，則模型將其標記為不可回答，並放棄回答。

圖 8.8 所示的案例取自 SQuAD 2.0 資料集。SQuAD 2.0[15] 基於 SQuAD 資料集，是一個具有代表性的、不可回答的機器閱讀理解任務資料集。它有超過 5 萬個無法回答的問題。此類任務不僅要求模型舉出可回答問題的正確答案，還要檢測哪些問題沒有答案。在圖 8.8 所示的案例中，1937 條約的關鍵字是存在的，但文中出現的禿鷹保護法是 1940 年的條約名稱，而非問題中的 1937 年，此時需要模型舉出的判定是無法回答。

SQuAD 2.0	
Context:	... Other legislation followed, including the Migratory Bird Conservation Act of 1929,a 1937 treaty prohibiting the hunting of right and gray whales, and the Bald Eagle Protection Act of 1940. These lator lawe had a low cost to socicty—the species were relatively rare—and little opposition was raised.
Question: Plausible Answer:	What was the name of the 1937 treaty Bald Eagle Protection Act

▲ 圖 8.8 不可回答的機器閱讀理解案例 (SQuAD 2.0 資料集)

3. 多文件機器閱讀理解

在之前設計的機器閱讀理解任務中，相關段落是預先確定的，這與人類的問答過程存在較大差異。人們通常根據問題去搜尋可能的相關段落，並在相關段落中找到答案。為了克服這一缺點，研究人員將機器閱讀理解擴展到大規模的機器閱讀，即多文件機器閱讀理解。它不像傳統任務那樣為每個問題提供一篇相關的文章，而是要求模型根據問題去匹配相關的文件並做閱讀理解任務。

多文件機器閱讀理解讓機器閱讀理解得以處理大規模、非結構化文字的開放領域問答任務，並在搜尋引擎、問答幫手等領域上應用。圖 8.9 舉出了必應搜尋的多文件閱讀理解答案檢索的應用，模型能根據問題舉出相關的線索與簡單、準確的答案，這種任務的應用極大地推動了問答幫手的發展。

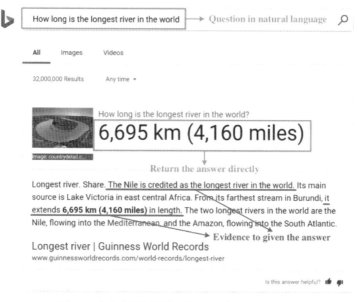

▲ 圖 8.9 多文件機器閱讀理解應用案例 (必應搜尋)

　　由於多文件機器閱讀理解有著巨量的文件語料，語料中存在許多雜訊，任務同時又涵蓋了無答案、多答案和需要對多筆線索進行整理等難題，因此，與傳統的機器閱讀理解任務相比，多文件機器閱讀理解的挑戰性要大得多，但多文件機器閱讀理解更接近現實世界的應用。

　　與此同時，相關文件的檢索是多文件機器閱讀理解的重要部分，從多個文件中聚合的、與問題相關的資訊可能是互補的，也可能是矛盾的，因此，模型利用多個文件並生成邏輯正確、語義清晰的答案仍然存在著很大的挑戰。

4. 階段式機器閱讀理解

　　機器閱讀理解要求根據對給定段落的理解來回答問題，問題之間通常是相互獨立的；然而，人們獲取知識的最自然的方式是透過一系列相互連結的問答獲取。當得到一份檔案時，有人會問問題，有人會回答，然後基於當前的問答，有人會再問一個相關的問題，以求對問題更深入地理解。這個過程是迭代進行的，是一個多回合的對話，因此，階段式機器閱讀理解是當前的研究熱點。

　　和傳統機器閱讀理解不同的是，階段式機器閱讀理解將階段歷史的內容也作為上下文的一部分來幫助預測答案，任務給定上下文、與先前問題和答案的對話歷史及當前問題，任務透過學習函式來預測正確答案。

　　CoQA[16] 資料集如圖 8.10 所示，問題 4 和問題 5 都與問題 3 相關，而且答案 3 又可以作為答案 5 的驗證，後續問題可能又與之前的問答密切相關。為此，階段歷史在 CMRC 中扮演著重要的角色。

CMRC	
Passage:	Jessica went to sit in her rocking chair. Today was her birthday and she was turning 80. Her granddaughter Annie was coming over in the afternoon and Jessica was very excited to see her. Her daughter Melanie and Melanie's husband Josh were coming as well.
Question 1: Answer 1:	Who had a birthday? Jessica
Question 2: Answer 2:	How old would she be? 80
Question 3: Answer 3:	Did she plan to have any visitors? Yes
Question 4: Answer 4:	How many? Three
Question 5: Answer 5:	Who? Melanie and Josh

▲ 圖 8.10 階段式機器閱讀理解案例 (CoQA)

　　在智慧客服的應用場景中，多輪對話存在很大挑戰，對話模型通常建構在一問一答的假設條件之下；然而，智慧客服的應用在多數情況下需要模型像人一樣處理多輪次對話。隨著 CoQA、QuAC[17] 等多輪機器閱讀取資料集的發佈，階段式機器閱讀理解作為自由回答的延伸將被越來越多的學者研究。

8.2 評測方法

　　機器閱讀理解任務和傳統的分類或回歸任務不同，評估模型結果好壞的指標根據任務的自由程度也有不同的選擇。如表 8.1 所示，對於答案是客觀的多項選擇和克漏字來講，常用的評測方式是準確率 (ACC)；對於部分取出式的機器閱讀理解任務，通常會使用精確匹配 (EM) 分數和 F1 分數作為評價指標，而自由回答式的類型答案偏主觀，其評價指標多為單字水平匹配率和語義匹配等方法。

▼ 表 8.1 評測指標

任務	類型	評測方式
多項選擇、克漏字	客觀	準確率
取出式閱讀理解、多文件機器閱讀理解、知識庫回答、不可回答的機器閱讀理解	半客觀	精確匹配分數、F1 分數、ROUGE-L
自由回答式、階段式機器閱讀理解	主觀	單字水平匹配率、語義匹配

1. 準確率

準確率 (Accuracy) 常用於評測克漏字和多項選擇任務，若 m 個問題中答對 n 個，則準確率 Accuracy 為

$$\text{Accuracy} = \frac{n}{m} \qquad (8.2)$$

2. 精確匹配分數

精確匹配分數 (em_score) 常用於部分取出任務，是準確性的一種變形，可以評估預測答案部分是否與標準真實序列完全匹配。精確匹配分數如下：

$$\text{em\_score} = \frac{n}{m} \qquad (8.3)$$

3. F1 分數

F1 分數如式 (8.4)~(8.6) 所示，TP 代表正確的正樣本數目，FP 代表錯誤的正樣本數目 (誤報)，FN 為錯誤負樣本 (漏報)。F1 分數同時兼顧精確率 (P) 和召回率 (R)。相比於精確匹配分數，F1 分數能夠測量預測值和真實值之間的平均重疊。

$$P = \frac{\text{TP}}{\text{TP} + \text{FP}} \qquad (8.4)$$

$$R = \frac{\text{TP}}{\text{TP} + \text{FN}} \qquad (8.5)$$

$$\text{F1} = \frac{2 \times P \times R}{P + R} \qquad (8.6)$$

4. ROUGE

ROUGE[18] 是評估自動文摘及機器翻譯等自由度較高答案的一組指標。它透過自動生成的摘要或翻譯與一組參考摘要 (通常是人工生成的) 進行比較計算，得出相應的分值，以衡量自動生成的摘要或翻譯與參考摘要之間的相似度，常用於生成式的自由回答任務。

ROUGE-N 指標的定義如式 (8.7) 所示。

$$\text{Rouge-}N = \frac{\sum\limits_{S \in \{\text{ReferenceSummaries}\}} \sum\limits_{\text{gram}_N \in S} \text{Count}_{\text{match}}(\text{gram}_N)}{\sum\limits_{S \in \{\text{ReferenceSummaries}\}} \sum\limits_{\text{gram}_N \in S} \text{Count}(\text{gram}_N)} \qquad (8.7)$$

式 (8.7) 中分母是 N-gram 的個數，分子為正確答案與模型推理答案共有的 N-gram 的個數。如標準答案「我喜歡自然語言處理」與模型推理答案「我也喜歡自然語言處理」的 ROUGE-1、ROUGE-2 的評分如表 8.2 所示。其中，分子是模型答案和標準答案都出現的 1-gram 的個數，分母是模型答案的 1-gram 個數。

此外，ROUGE-L 也常用於自由回答的評測。ROUGE-L 中的 L 為最長公共子序列 (LCS)。其計算方式如式 (8.8)~(8.10) 所示，其中，LCS(X,Y) 代表兩個文字段的最長公共子序列，P_{LCS} 和 R_{LCS} 分別表示召回率和準確率，F_{LCS} 即 ROUGE-L，m 與 n 分別代表真實文字段與預測文字段的長度。LCS 的優點是它不需要連續匹配，而且反映的是句子級詞序的順序匹配。由於它自動包含最長的順序通用 N-gram，因此不需要預先定義的 N-gram 長度，但由於只計算一個最長子序列，因而最終的值忽略了其他備選的最長子序列及較短子序列的影響。

$$P_{\text{LCS}} = \frac{\text{LCS}(X,Y)}{n} \qquad (8.8)$$

$$R_{\text{LCS}} = \frac{\text{LCS}(X,Y)}{m} \qquad (8.9)$$

$$F_{\text{LCS}} = \frac{(1+\beta^2) \times P_{\text{LCS}} \times R_{\text{LCS}}}{R_{\text{LCS}} + \beta^2 \times P_{\text{LCS}}} \qquad (8.10)$$

ROUGE-S 和 ROUGE-2(N=2) 的定義非常類似。只是 ROUGE-S 在 N-gram 中引入了 Skip-gram，不要求兩個詞相鄰，而是允許二元組中的兩個詞在答案中最多相隔 Skip 個詞，其中 Skip 為參數。舉例來說，表 8.2 所示的案例「我喜歡自然語言處理」中，如果 Skip=2，則「我喜」「我歡」「我自」都是 ROUGE-S 所考慮的二元組。相較於 ROUGE-L，ROUGE-S 考慮了所有按詞序排列的詞對，更能反映句子的詞序，但由於設置了跳躍詞長度，片語結果會出現很多無意義詞對。

▼ 表 8.2 ROUGE 評測指標範例

標 準 答 案	我喜歡自然語言處理		
模型答案	我也喜歡自然語言處理		
1-gram	標準答案：我 | 喜 | 歡 | 自 | 然 | 語 | 言 | 處 | 理 模型答案：我 | 也 | 喜 | 歡 | 自 | 然 | 語 | 言 | 處 | 理		
2-gram	標準答案：我喜 | 喜歡 | 歡自 | 自然 | 然語 | 語言 | 言處 | 處理 模型答案：我也 | 也喜 | 喜歡 | 歡自 | 自然 | 然語 | 語言 | 言處 | 處理		
1-gram-1-skip	標準答案：我喜 | 我歡 | 喜歡 | 喜自 | 自然 | 自語 | 語言 | 語處 | 言處 | 言理 | 處理 模型答案：我也 | 我喜 | 也喜 | 也歡 | 喜歡 | 喜自 | 自然 | 自語 | 語言 | 語處 | 言處 | 言理 | 處理		
LCS	9(我喜歡自然語言處理)		
ROUGE-1	9/10(我 , 喜 , 歡 , 自 , 然 , 語 , 言 , 處 , 理)		
ROUGE-2	7/9(喜歡 , 歡自 , 自然 , 然語 , 語言 , 言處 , 處理)		
ROUGE-S Skip=1	10/13(我喜 , 喜歡 , 喜自 , 自然 , 自語 , 語言 , 語處 , 言處 , 言理 , 處理)		
ROUGE-L	P_{LCS}=9/9=1	R_{LCS}=9/10	F1=0.947(β=1)

5. BLEU

BLEU 是一種雙語互譯品質輔助工具，最初用於衡量翻譯性能，表示機器翻譯文字與參考文字之間的相似程度。如式 (8.11) 與式 (8.12) 所示，其中 l_c 表示模型推理答案的長度，l_r 表示標準答案的長度。BLEU 需要計算譯文 1-gram，2-gram，…，N-gram 的精確率，一般將 N 設置為 4 即可，公式中的 P_N 指 N-gram 的精確率。W_N 指 N-gram 的權重，一般設為均勻權重，即對於任意 N 都有 W_N=1/N。BP 是懲罰因數，如果譯文的長度小於最短的參考譯文，則 BP 小於 1。BLEU 的 1-gram 精確率表示譯文忠於原文的程度，而其他 N-gram 表示翻譯的流暢程度。

$$\mathrm{BLEU} = \mathrm{BP} \times e^{(\sum_1^N W_n \times \log P_n)} \tag{8.11}$$

$$\mathrm{BP} = \begin{cases} 1, & l_r < l_c \\ e^{(1-\mathrm{lr/lc})}, & l_c \geqq l_r \end{cases} \tag{8.12}$$

由於人工生成資料集的規模較小，以及基於規則和基於機器學習的方法的局限性，早期的機器閱讀理解系統表現不佳，因此無法在實際應用中使用。這種情況從 2015 年開始有所改變，可以歸結為兩個驅動力：一方面，基於深度學習的機器學習，也稱為神經機器閱讀理解，在捕捉上下文資訊方面顯示出優勢，效果顯著優於傳統系統；另一方面，各種大規模的基準資料集使用深度神經架構解決 MRC 任務，能夠有效評估 MRC 系統的性能。

為了更清楚地說明機器閱讀理解的發展趨勢，本章對該領域的代表性文章進行了統計分析，結果如圖 8.11 所示。從 2015 年到 2018 年年底，文章數量呈大規模增長趨勢。此外，隨著時間的演進，MRC 任務的類型也越來越多樣化。這些都表明機器閱讀理解正在迅速發展，並已成為學術界的研究熱點。此外，克漏字和多項選擇等對語義理解偏低且應用領域不廣泛的文章慢慢淡出了學者的視野。人們把目光聚焦在有著更實際應用場景的多文件機器閱讀理解及階段式機器閱讀理解上，並獲得了令人振奮的好成績。

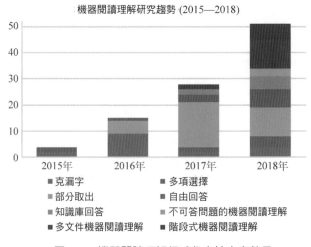

▲ 圖 8.11 機器閱讀理解領域代表性文章數量

本節將 8.1 節中提及的機器閱讀理解任務從構造資料集難度、理解和推理程度、答案形式複雜程度、評估難易程度及真實應用程度 5 個維度進行比較，如圖 8.12 所示。不難發現，幾種任務雖然形式上差異明顯，但都需要對文字內容有足夠的理解。

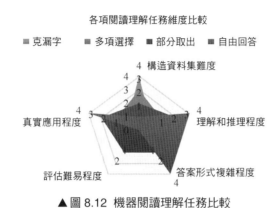

▲ 圖 8.12 機器閱讀理解任務比較

根據圖 8.12 及表 8.3，不同的任務中這 5 個維度的分數也不盡相同，如建構資料集和評估克漏字是最容易的，但克漏字由於答案形式僅限於原始上下文中的單一單字或名稱實體，故不能極佳地測試機器理解，並且不符合現實世界的應用。

▼ 表 8.3 機器閱讀理解任務比較

MRC 任務類型	優點	缺點
克漏字	最容易構造和評估資料集（評估：將模型答案直接與正確答案比較，並以準確率作為評測標準）	無法極佳地測試對機器的理解，並且與實際應用不符（原因：其答案形式在原始上下文中，僅限於單一單字或名稱實體）
多項選擇	易於評估（將模型答案直接與正確答案比較，並以準確率作為評測標準）	候選答案導致合成資料集與實際應用之間存在差距
部分取出	(1) 易於建構和評估資料集（評估：將模型答案直接與正確答案比較，並以準確率作為評測標準）；(2) 可以以某種方式測試電腦對文字的理解	答案只能侷限在原始上下文的子序列中，與現實應用仍有距離
自由回答	在理解、靈活性、應用範圍方面有優勢，最接近實際應用	(1) 建構資料集困難（由於其回答形式靈活）；(2) 有效評估困難

多項選擇為每個問題提供候選答案,這樣即使答案不侷限於原來的上下文,也可以很容易地進行評估,並且為這項任務建立資料集並不困難,因為大量語言考試中的選擇題存在著真實的優質資料,可被拿來使用;然而,該任務提供候選答案導致資料集和實際應用之間存在著不小的差距,不符合真實場景裡的應用。相比之下,跨度提取任務是一個適度的選擇,可以很容易地建構和評估資料集。儘管如此,多項選擇在某種程度上,可以測試機器對文字的理解以幫助語言模型對語義理解的提升。部分取出的缺點是答案被約束在原上下文的子序列上,離實際人與人的溝通交流存在著差異。自由回答在理解性、靈活性、應用性等維度上顯示出自己的優越性,最接近實際應用;然而,每個硬幣都有兩面。由於回答形式的靈活性,建構資料集有些困難,如何有效地評估這些任務的性能仍然是一個挑戰。

8.3 研究方法

8.3.1 基於規則的方法

在機器學習演算法提出之前的機器閱讀理解通常使用基於規則的方法。透過人工制定規則,選取不同的特徵,基於選取的特徵構造並學習一個三元評分函式 $\{P, Q, A\}$,然後選取得分最高的候選敘述作為答案。

1999 年 Hirschman 等 [19] 開始相關技術的研究。他們使用詞袋模型分別對小學三年級到六年級的閱讀材料的每行敘述進行資訊取出和模式匹配,從文章中選取與問題匹配度更高的敘述作為候選敘述並進行匹配度評分,再選取分數最高的敘述作為答案。

在大量的實驗中,學者們發現答案在原文中是否出現、答案出現的頻率等資訊與問題在原文中的連結是一些強相關的特徵。舉例來說,答案與問題中的詞語在原文中的距離、答案與問題在原文中視窗序列的 N-gram 匹配度,以及答案中的實體與問題中的實體的共現情況等依存語法。

基於規則的方法一般透過啟發式規則組合問題與答案,然後取出依存關係對,同時對原文進行依存句法分析,然後考查問題 / 答案對的依存句法與原文的依存句法的匹配情況,以及與問題相關的多個句子在原文中的語篇關係。舉例來說,一個以 Why 開頭的問句,這個問句的多個相關句子在原文中可能存在因果關係。除了上述淺層的特徵之外，也有一些較為深層次的語義特徵被引入閱讀理解語義框架匹配中，用於考查答案及問題與文章中句子的語義框架匹配程度。

基於傳統特徵的 MRC 技術雖然獲得了一定的進展，但仍然存在一些問題需要解決，如傳統的 MRC 技術大多採用模式匹配的方法進行特徵提取，因而不能有效地處理表達的多樣性問題。同時，由於匹配時往往使用固定視窗，因此其無法解決多個句子之間的長依賴問題。此外，大多數傳統特徵是基於離散的串匹配的，在解決表達的多樣性問題上顯得較為困難。雖然近年來提出的基於多種不同層次視窗的模型可以緩解這一問題，但是由於視窗或 N-gram 並不是一個最有效的語義單元，其存在語義缺失 (缺少部分使語義完整的詞) 或雜訊 (引入與主體語義無關的詞) 等問題，因此存在的問題仍然較難解決。

8.3.2 基於神經網路的方法

近年來，隨著深度學習的興起，許多基於神經網路的方法被引入閱讀理解任務中。相比於基於傳統特徵的方法，各種語義單元被表示為連續語義空間向量，這可以非常有效地解決語義稀疏性及複述的問題。當前主流的模型框架如圖 8.13 所示，主要包括以下 4 個模組。

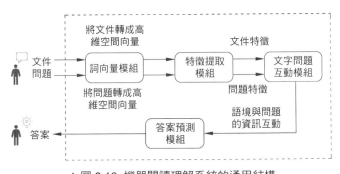

▲ 圖 8.13 機器閱讀理解系統的通用結構

(1) 詞向量模組：由於機器不能直接理解自然語言，故 MRC 系統通常將輸入單字透過詞向量矩陣轉換成固定長度的向量。該模組以語境和問題為輸入，透過多種方式輸出語境和問題詞向量。經典的單字表示方法有獨熱編碼和 Word2Vec 模型，有時還會結合其他的語言特徵 (如詞性、名稱實體和問題類) 來表示單字中的語義和句法資訊。此外，透過大規模語料庫預訓練的結構，(如 BERT 模型)

在編碼語境資訊方面表現出更好的性能。

(2) 特徵提取模組：在詞向量模組之後，上下文和問題的詞向量被送到特徵提取模組。為了更進一步地理解上下文和問題，本模組旨在提取更多的上下文資訊。特徵提取模組常使用卷積神經網路 (CNN)、循環神經網路 (RNN) 或雙向長短時記憶 (BiLSTM) 網路對輸入的文字序列進行特徵提取，以獲取更豐富的上下文資訊和語義資訊。

(3) 文字問題互動模組：語境和問題之間的相關性在預測答案方面往往起著決定性的作用。有了這樣的資訊，機器才能準確地聚焦和問題相關的內容並取出答案。為了實現這一目標，單向或雙向注意機制在本模組中被廣泛用於查詢與聚焦相關的部分上下文。此外，上下文和問題之間的互動有時透過多次跳躍來充分提取它們的相關性，此類操作模擬了人類理解的重讀過程。

(4) 答案預測模組：答案預測模組是 MRC 系統的最後一個元件，它基於之前模組中累積的所有資訊輸出最終答案。答案預測模組與 MRC 任務高度相關。對於克漏字，這個模組的輸出是原上下文中的單字或實體，而多項選擇則需要從候選答案中選擇正確的答案。當任務為部分取出時，該模組提取給定上下文的子序列作為答案，而自由回答則通常使用一些生成技術來預測沒有限制的答案。

8.3.3 基於深層語義的圖匹配方法

8.3.1 節與 8.3.2 節的方法在某些簡單的閱讀理解任務中能夠造成較好的效果，但是對於某些需要引入外部知識進行更深層次推理且幾乎不可能透過相似度匹配得到結果的閱讀理解任務來講，上述方法幾乎起不到作用。

基於圖匹配的方法首先透過類似於語義角色標注的方法，將整篇文章轉為一張圖結構，然後將問題與答案組合 (稱為查詢) 也轉為一張圖結構，最後考慮文章的圖結構與查詢的圖結構之間的匹配度。

機器閱讀理解任務常用的方法包括基於規則的方法、基於神經網路的方法及基於深層語義的圖匹配方法。這 3 種方法各有偏重，有著不同的應用場景。基於規則的方法在模型結構及實現上最為簡單，在某些特定的資料集上也能造成較好的效果，但是由於特徵本身具有的局限性，該類方法很難處理複述及遠距離依賴問題；基於神經網路的方法能夠極佳地處理複述和長距離依賴問題，但是對於某些需要引入外部知識進行更深層次推理、幾乎不可能透過相似度匹配得到結果的任務則無能為力；基於深層語義的圖匹配方法透過在深層次的語義結構中引入人為定義的知識，從而使模型具有捕捉更深層次語義資訊的能力，大大提高了模型的理解及推理能力，但是由於這類方法對於外部知識的依賴性極強，因此適用範圍較窄，可擴充性較弱。

8.4　經典結構

　　2018 年年末，Google 公司發佈的預訓練模型 BERT 橫掃了 11 項自然語言處理任務，這其中也包括機器閱讀理解任務。在 BERT 模型發佈之前，針對閱讀理解任務的有效結構是 BiDAF[20] 與 QANET[21] 等。這類結構雖然效果不如預訓練模型，但也蘊含了大量的技巧。這些方法差異明顯 , 整體框架如圖 8.14 所示。

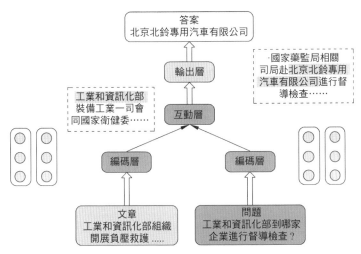

▲ 圖 8.14　機器閱讀理解整體框架圖

8.4.1　BiDAF 模型

　　BiDAF 模型是 Minjoon Seo 等於 2017 年發佈在 ICLR 會議上的一篇機器閱讀理解結構文章。這篇文章在機器閱讀理解領域所作的貢獻十分顯著，提出的雙向注意力機制更是成為一種通用編碼器或推理單元基礎架構中的一部分，其模型結構如圖 8.15 所示。BiDAF 並不是將文字總結為一個固定長度的向量，而是將向量流動起來，以便減少早期資訊加權和的損失。此外在每個時刻，僅對問題 (Query) 和當前時刻的文字段 (Context) 進行計算，並不直接依賴上一時刻的注意力 (Attention)，這使後面的 Attention 計算不會受到之前錯誤的 Attention 資訊的影響，同時結構裡有一層只有文章和問題的相關性，計算了 Query-to-Context(Q2C) 和 Context-to-Query(C2Q) 兩個方向的 Attention 資訊，建構的 C2Q 和 Q2C 機制實際上能夠相互補充。

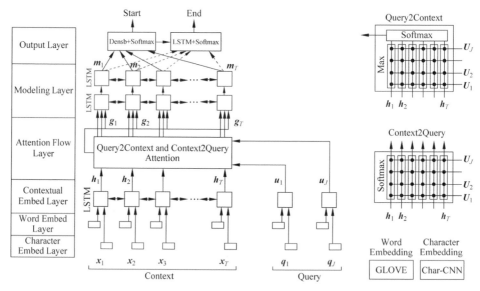

▲ 圖 8.15 BiDAF 網路結構圖 [20]

BiDAF 共有 6 層，分別是 Character Embed Layer、Word Embed Layer、Contextual Embed Layer、Attention Flow Layer、Modeling Layer 和 Output Layer。其中前 3 層用來對輸入的文字進行不同力度的特徵編碼，對應通用閱讀理解框架的編碼層。第 4 層則是文中提出的雙向注意流層，是模型的問題和文字互動模組。在問題互動之後，文中還使用了第 5 層再次進行編碼，對第 4 層問題和文字互動的資訊進行二次表徵。第 6 層是一個預測答案的範圍。假設 Context 為 $[x_1, x_2, \cdots, x_T]$，Query 為 $[q_1, q_2, \cdots, q_J]$。

Character Embed Layer 為 Context 和 Query 中每個詞使用的字元級嵌入結構 CNN，具體做法是將字元嵌入向量中，可以將其視為 CNN 的一維輸入，其大小是 CNN 的輸入通道大小。CNN 的輸出在整個寬度上進行最大池化操作，以獲得每個字的固定大小的嵌入向量。

Word Embed Layer 模型的詞嵌入使用了 Glove 預訓練詞向量，其將字元級的嵌入和詞嵌入拼接在一起 (按每個詞拼接)，並經過一個兩層的 Highway Network[21]，從而得到文字的向量 $X \in R^{d \times T}$ 及問題對應的向量 $Q \in R^{d \times J}$。

Contextual Embed Layer 分別對上一步得到的 X 和 Q 使用 BiLSTM 進行編碼，學習 X 和 Q 之間內部的聯繫。到上下文編碼 $H \in R^{2d \times T}$ 及問題編碼 $U \in R^{2d \times J}$ 這層為止，上下文和問題原始文字已經整合成具有多層級不同粒度的表徵 (字元級、詞語級和段落級)。

Attention Flow Layer 是對文中貢獻最大的一層，負責融合來自上下文和問題之間的資訊。該層輸入是 H 和 U，輸出是具有問題感知的上下文表徵 G。首先計算 H 和 U 的相似度矩陣 $S \in RT \times J$, 如式 (8.13) 所示。S_{tj} 表示上下文 H 中第 t 列向量 h 和問題 U 中第 j 列向量 u 的相似度值，它是一個實值。α 表示可訓練的映射函式 $\partial(h, u) = W_{(s)}^{\mathsf{T}}[h ; u ; h \circ u]$，其中 $W_{(s)} \in R^{6d}$，操作符號「。」代表矩陣對應元素相乘。

$$S_{tj} = \alpha(H_{:,t}, U_{:,j}) \in R^J \qquad (8.13)$$

將得到的 S 作為共用相似矩陣 C2Q 及 Q2C 兩個方向的注意力，其中第 i 行表示上下文文字中第 i 個詞與問題文字中每個詞之間的相似度，第 j 列表示問題中第 j 個詞與上下文文字中每個詞的相似度。下面是兩個方向的注意力計算公式。

C2Q 使用 Softmax 計算與「文字段落」每個詞語相關的「問題段落」的詞語。計算公式如下：

$$a_t = \mathrm{Softmax}(S_{t:}) \in R^J \qquad (8.14)$$

$$\hat{U}_{:,t} = \sum_j a_t U_{:,j} \qquad (8.15)$$

具體來講，是將 S 相似度矩陣每行經過 Softmax 層直接作為注意力值，因為 S 中每行表示的是上下文文字中第 i 個詞與問題文字中每個詞之間的相似度，C2Q 表示文字對問題的影響，所以得到 a_t 直接與 U 中的每列加權求和得到新的 $\hat{U}_{:,t}$，最後拼成新的問題編碼 $\hat{U}$，它是一個 $2d \times T$ 的矩陣。

和 C2Q 類似，Q2C 計算與「問題段落」的每個詞語相關的「文字段落」的

詞語，因為這些「文字段落」的詞語對回答問題很重要，故直接取相關性矩陣中
最大的那一列，對其進行 Softmax 歸一化，計算 Context 向量加權和，然後重複 T
次得到 $\hat{\boldsymbol{H}} \in R^{2d \times T}$，計算公式如下：

$$b = \text{Softmax}(\max_{\text{col}}(\boldsymbol{S}) \in R^{\text{T}}) \tag{8.16}$$

$$\hat{h} = \sum_t b \boldsymbol{H}_{:j} \in R^{2d} \tag{8.17}$$

獲得了 $\hat{\boldsymbol{U}}$、$\hat{\boldsymbol{H}}$ 兩個注意力方向的新問題編碼和文字編碼之後，再經過
一個 MLP 的函式 β 將兩者拼接起來得到問題感知的上下文文字表示 $\boldsymbol{G}$，即
$\boldsymbol{G}_{:t} = \beta(\boldsymbol{H}_{:t}, \hat{\boldsymbol{U}}_{:t}, \hat{\boldsymbol{H}}_{:t})$，實驗中使用的拼接方式 $\beta(\boldsymbol{h}, \hat{\boldsymbol{u}}, \hat{\boldsymbol{h}}) = [\boldsymbol{h}; \hat{\boldsymbol{u}}; h \circ \hat{\boldsymbol{u}}; h \circ \hat{\boldsymbol{h}}]$
有著更好的效果。

Modeling Layer(建模層) 的輸入是 $\boldsymbol{G}$, 其作用和第 3 層一樣，都使用了每
個方向輸出大小為 $\boldsymbol{d}$ 的 BiLSTM 捕捉輸入矩陣在時序上的依賴關係，得到一個
$\boldsymbol{M} \in R^{2d \times T}$。從結果上看，這是一個編碼降維的過程。

Minjoon Seo 提出的 BiDAF 結構前面 5 層問題和文字的互動是固定的，但
Output Layer 則根據不同的任務進行詳細設計。以經典的部分取出來講，輸出層
則需要預測答案的起始位置 p^1 和結束位置 p^2。其計算公式如下：

對於起始位置，直接使用 Modeling Layer 的輸出向量 $\boldsymbol{M}$ 全連接 Softmax 後到
最大機率的位置索引作為答案。

$$p^1 = \text{Softmax}(\boldsymbol{W}_{(p^1)}^{\text{T}}[\boldsymbol{G}; \boldsymbol{M}]) \tag{8.18}$$

而結束位置的向量 $\boldsymbol{M}$ 則需經過另一個 BiLSTM 得到 $\boldsymbol{M}^2 \in R^{2d \times T}$。

$$p^2 = \text{Softmax}(\boldsymbol{W}_{(p^2)}^{\text{T}}[\boldsymbol{G}; \boldsymbol{M}^2]) \tag{8.19}$$

然後使用交叉熵作為損失函式來最佳化求解模型的參數, 如式 (8.20) 所示，
其中 y_i^1 和 y_i^2 代表真實標籤的起始位置。

$$L(\theta) = -\frac{1}{N} \sum_i^N \left[\log(P_{y_i^1}{}^1) + \log(P_{y_i^2}{}^2) \right] \tag{8.20}$$

目前該模型在 SQuAD 1.0 資料集的排名是第 42 名，而使用 BERT 預訓練模

型微調此項任務的 F1 分數已經達到 91.221，但是該模型的亮點在於雙向注意力機制的提出，這種雙向注意力機制在 QA 任務中充當編碼器或推理單元中的一環，對後續的性能產生了很大的影響。

8.4.2 QANet 模型

QANet 模型是 Google 公司於 2018 年發佈在 ICLR 會議上的機器閱讀理解網路結構。該模型提出了一種新的框架，使用 CNN 和自注意力 (Self-Attention) 機制代替傳統的 RNN 建構機器閱讀理解模型，極大地提升了模型訓練與推理的速度。同時使用回譯的方法進行資料增強。當時，該結構在 SQuAD 等資料集中獲得了和最高分接近的成績。模型結構如圖 8.16 所示。

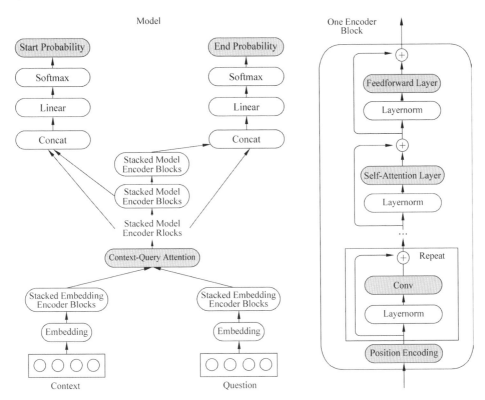

▲ 圖 8.16　QANet 網路結構 [22]

QANet 的輸入層和 BiDAF 的輸入層類似，使用 Glove 模型得到詞向量 x_w，初始化一個字元向量矩陣用來學習字元向量 x_c，維度分別是 300 和 200，其中，每個單字的字元向量則透過最大池化生成，然後拼接向量 x_w 和 x_c 得到向量 $[x_w; x_c \in R^{200+300}]$，並將其輸入兩層的 Highway Network 進行資訊融合，用 X 表示。

模型的 One Exoder Block 主要由三部分組成：Multi-Convolution Layer(Conv)、Self-Attention Layer 及 Feedforward Layer。其中，卷積層使用 Depthwise Separable Convolutions，相對傳統卷積層佔用記憶體少、泛化性更好，Kernel Size=7，Num Filters=128，一共用了 4 層；Self-Attention Layer 採用了 Multi-Head Attention 機制，Head 的數量設置為 8；然後是 Feedforward Layer。最後，這幾個基本單元外面都套了 Residual Block，輸入和輸出是直通的，保證了沒有資訊遺失，並且每層計算之前都會做 Layer Normalization。

Context-Query Encoder Layer 透過對問題和文字段的詞向量進行點乘操作及每個詞兩兩之間的相似度，並用 Softmax 進行歸一化，對於每個文字段落中的詞，用歸一化後的權重計算問題段落的詞的加權和得到 Context-to-Query Attention，這參考了前面介紹的 BiDAF 的 Context-Query Encoder Layer 機制。

Model Encoder Layer 使用的 Encoder Block 與第 2 層的結構類似，和 Embedding Encoder Layer 的差別在於此時每個 block 裡面使用了兩個卷積層，一共用了 7 個 block，Kernel Size 是 5。

模型的輸出與 BiDAF 等機器閱讀理解任務的結構保持一致。同樣是對互動後的問題和文件資訊使用全連接層和 Softmax 得到最高機率的索引位置，將其作為答案的預測結果，再與真實標籤結果計算交叉熵來最佳化模型參數。

模型使用了回譯手段來增加訓練資料，其大概思想是把現有語料翻譯為另一種語言，然後翻譯回來。具體操作如下：每筆資料用 (d,q,a) 表示，其中 d 為文件，q 為問題，a 為答案。演算法人員把文件 d 翻譯為法語，在翻譯模型的 Beam Search 階段保留 k 個候選，然後將每個候選再翻譯回英文，一共得到 k^2 個結果，在這 k^2 個結果裡隨機選一個作為 $\tilde{d}$。由於考慮到原來的答案 a 不一定出現在 $\tilde{d}$ 中，所以需要在 $\tilde{d}$ 中找到一個區間作為 $\tilde{a}$，使 $\tilde{a}$ 和 a 儘量接近，具體的方式為召回的 k^2 個答案與真正的答案 a 計算 Highest Character 2-Gram Score，將所得結果進行排序，最後選擇分數最高的樣本作為資料增強的樣本。回譯資料範例如圖 8.17 所示。

	Sentence that contains an answer	Answer
Original	All of the departments in the College of Science offer PhD.programs，except for the Department of Pre-Professional Studies.	Department of Pre-Professional Studies
Paraphrase	All departments in thc College of Science offer PhD.programs with the exception of the Department of Preparatory Studies.	Department of Preparatory Studies

▲圖 8.17 回譯資料範例

　　實驗結果如圖 8.18 和圖 8.19 所示，實驗表明 QANet 結構在使用資料增強之前已經獲得了接近最佳成績的成績。此外，使用回譯的方式進行資料增強，模型在 EM 和 F1 上分別提升了 1.5% 和 1.1%，而且，由於模型的結構捨棄了串列 RNN，使用 CNN 和 Self-Attention 進行文字和問題的互動，因此速度有顯著的提升。預測效率的提高也使模型線上上的即時使用成為可能。

	Published	LeaderBoard
Single Model	EM/F1	EM/F1
LR Baseline (Rajpurkar et al., 2016)	40.4/51.0	40.4/51.0
Dynamic Chunk Reader (Yu et al., 2016)	62.5/71.0	62.5/71.0
Match-LSTM with Ans-Ptr (Wang & Jiang,2016)	64.7/73.7	64.7/73.7
Multi-Perspective Matching (Wang et al.,2016)	65.5/75.1	70.4/78.8
Dynamic Coattention Networks (Xiong et al.,2016)	66.2/75.9	66.2/75.9
FastQA (Weissenborn et al.,2017)	68.4/77.1	68.4/77.1
BiDAF(Sco ct al., 2016)	68.0/77.3	68.0/77.3
SEDT(Liu et al.,2017a)	68.1/77.5	68.5/78.0
RaSoR (Lee et al.,2016)	70.8/78.7	69.6/77.7
FastQAExr (Weissenborn et al.,2017)	70.8/78.9	70.8/78.9
ReasoNet (Shen et al., 2017b)	69.1/78.9	70.6/79.4
Document Reader (Chen er ai,2017)	70.0/79.0	70.7/79.4
Ruminating Reader (Gong & Bowman,2017)	70.6/79.5	70.6/79.5
jNet (Zhang et al., 2017)	70.6/79.8	70.6/79.8
Conductor-net	N/A	72.6/81.4

▲圖 8.18 QANet 模型效果 (SQuAD 1.0 資料集)[21]

	Published	LeaderBoard
Interactive AoA Reader (Cui et al., 2017)	N/A	73.6/81.9
Reg-RaSoR	N/A	75.8/83.3
DCN+	N/A	74.9/82.8
AIR-FusionNet	N/A	76.0/83.9
R-Net (Wang et al.,2017)	72.3/80.7	76.5/84.3
BiDAF+Self Attention+ELMo	N/A	77.9/85.3
Reinforced Mnemonic Reader (Hu et al.,2017)	73.2/81.8	73.2/81.8
Dev set: QANet Dev set: QANet+data augmentation×2 Dev set: QANet+data augmentation×3	73.6/82.7 74.5/83.2 75.1/83.8	N/A N/A N/A
Test set:QANet+data augmentation×3	76.2/84.6	76.2/84.6

▲ 圖 8.18 (續)

	Train time to get 77.0 F1 on Dev set	Train speed	Inference speed
QANet BiDAF	3hours 15hours	102samples/s 24samples/s	259samples/s 37samples/s
Spcedup	5.0x	4.3x	7.0x

▲ 圖 8.19 QANet 與 BiDAF 模型在訓練及推理速度上的比較 [21]

8.4.3 基於 BERT 模型的機器閱讀理解

不難看出，機器閱讀理解的任務基本滿足圖 8.14 所示的框架，主要包括編碼層、文字資訊互動，以及答案求解輸出。其中，編碼層資訊的設計及文字和問題的資訊互動對閱讀理解性能起著至關重要的作用。2018 年年末，由 Google 公司發佈了刷新自然語言處理的 11 項紀錄的 BERT 模型。BERT 模型不需要煩瑣的管道式互動，只需要在 BERT 後面加上簡單的網路就可以做中文閱讀理解任務，並達到特別好的效果。

如圖 8.20 所示，讀者可以將問題和文字以「[CLS]+ 問題 +[SEP]+ 文字輸入」的形式輸入 BERT 模型得到相應的輸出向量，並對輸出向量使用機器閱讀理解常用的結構，得到向量 $O \in R^{S \times H}$ (其中 S 為輸入文字長度，H 為 BERT 隱藏層維度)，

然後將向量 O 後接神經元大小為 2 的全連接層，分別表徵起始和結束位置的索引，再使用交叉熵計算預測結果與真實結果損失，用以最佳化機器閱讀理解任務，如式 (8.21) 和式 (8.22) 所示。

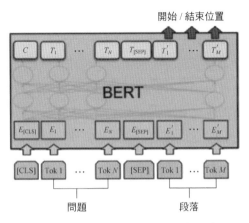

▲ 圖 8.20 BERT 閱讀理解下游任務

$$[P^1 ; P^2] = \mathrm{Softmax}(W^{\mathrm{T}}(O)) \tag{8.21}$$

$$L(\theta) = -\frac{1}{N}\sum_{i}^{N}\left[\log(P_{y_i^1}{}^1) + \log(P_{y_i^2}{}^2)\right] \tag{8.22}$$

8.5 多文件機器閱讀理解實踐

近年來，多文件機器閱讀理解在工業界得到廣泛應用。很明顯，多文件機器閱讀理解是個很有實用價值的研究方向。資訊檢索結合閱讀理解實現對使用者問題的精準回答是搜尋引擎的未來，此外，問答幫手也依賴於此項技術和使用者進行互動。

本節將透過實例結合理論的方法，以中國電腦學會舉辦的 CCF 2020 科技戰疫·巨量資料公益挑戰賽·政府政務問答幫手競賽作為實踐，幫助讀者掌握多文件機器閱讀理解的具體流程和實現方法，進而加深讀者對基於 BERT 模型的機器閱讀理解的理解。

8.5.1 疫情政務問答幫手

2020 年春節期間，新型冠狀病毒感染肺炎疫情迅速向全國蔓延，全國上下共同抗擊疫情。新冠疫情不僅對人民生命安全造成了威脅，也對很多企業的生產、發展產生了影響，為了更進一步地幫助各行業企業準確掌握相關政策，疫情政務問答幫手旨在透過對惠民惠企政策資料的收集與處理，透過人機對話式問答的方式，對使用者提出的政策疑問快速、準確地定位相關政策後返給使用者。

如表 8.4 所示，任務給定了發佈的各類政務檔案為主的全國各地發佈的疫情相關政策文件，以及部分疫情相關的問題和答案資料，要求選手提供的模型能夠從多個政策檔案中找到簡練且正確的答案回答使用者的提問。

▼ 表 8.4 疫情政務問答幫手資料集規模

訓練集	5000(筆)
測試集	1643(筆)
候選文件集	8844(筆)

訓練資料如表 8.5 所示，每個樣本對應一個候選文件唯一識別碼 docid 及基於這個候選文件提出的相關問題與答案，而在測試集中，為了更契合真實的應用場景，給定的資料則只有使用者的提問，要求模型能夠從候選文件集中篩選出合適的候選文件，並在合適的候選文件中抽出符合問題的答案。比賽中給定衡量模型的指標為 ROUGE-L，具體見 8.2 節中的評測指標。

▼ 表 8.5 疫情政務問答幫手訓練集實例

id	47a41a03966431739257ef215cdc1caa
docid	015758c216923f89991ca61c67b29f70
question	工業和資訊化部到哪家企業進行督導檢查？
answer	北京北鈴專用汽車有限公司

候選文件集中總共有 8000 多個文件，並且每個文件的長度均大於 BERT 預訓練模型的最大位元組長度 512，因此，演算法人員需要利用粗召回等手段找出與當前問題最相關的幾個文件，然後對粗召回的文件進行機器閱讀理解，找出最符合當前問題的答案，如圖 8.21 所示。多文件機器閱讀理解建構問答系統在得到

使用者的提問時，會透過對問題解析以進行資訊檢索獲取相關文件，在這之後對召回的部分文件做機器閱讀理解任務，最後根據段落得分和閱讀理解得分對答案進行排序，傳回分數最高的答案。這就表示資訊檢索模型與閱讀理解模型的好壞直接影響著多文件機器閱讀理解結果的品質。

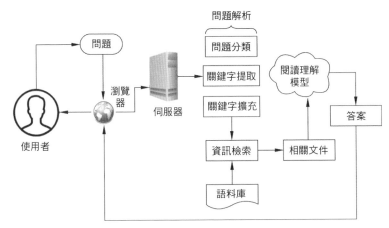

▲ 圖 8.21　多文件機器閱讀理解常用結構

8.5.2　資訊檢索

　　為了減少不相關文件對機器閱讀理解模型算力的浪費及推理時間的消耗，在執行多文件機器閱讀理解任務之前進行與問題相關的資訊檢索是必要的。目前，常用的資訊檢索技術有 TF-IDF、BM25 和 PageRank 等傳統統計方法，也有基於機器學習文字向量排序的方法，如 SVMrank 等。隨著深度學習的興起，Google 公司提出基於 BERT 的深度學習模型的資訊檢索技術 [23] 也獲得了應用。相較於有監督學習，TF-IDF 和 BM25 等技術並不需要人工標注且有良好的文件召回率，是目前搜尋引擎中最常用的技術，因此，無監督學習通常被用於多文件機器閱讀理解任務中的文字粗召回環節，也是文字實驗的粗召回的演算法。下面將介紹一些有關文件檢索的方法。

1. 詞頻 - 逆文件頻率

　　詞頻 - 逆文件頻率 (TF-IDF) 是一種用於資訊檢索與文字挖掘的常用加權技術。TF 即詞彙出現的頻次。如式 (8.23) 所示，為了減少文字長度對詞頻的影響，

TF_{Score} 為詞頻除以文件的長度以對詞頻進行歸一化。

$$TF_{Score} = \frac{\text{指定詞彙 word 在第 } i \text{ 個文件 } D_i \text{ 中出現的次數}}{\text{文件 } D_i \text{ 的長度}} \tag{8.23}$$

IDF 即逆文件頻率，如式 (8.24) 所示。一個詞越常見，分母越大，逆文件頻率就越小。式 (8.24) 中分母之所以要加 1，是為了避免分母為 0(所有文件都不包含該詞)。log 表示對得到的值取對數以將逆文件數最大值收斂於自然常數 e，用於防止 IDF_{score} 對整體的評分影響過高。

$$IDF_{score} = \log \left(\frac{\text{文件集 } D \text{ 的總數}}{\text{指定詞 word 在文件集 } D \text{ 出現過的文件總數 +1}} \right) \tag{8.24}$$

因此，計算一個詞彙及單一敘述與某個文件的 TF-IDF 連結度得分方法如式 (8.25) 和式 (8.26) 所示。當然，有些 TF-IDF 的變種透過一些方法對出現的詞彙進行加權相加，由於本章內容為機器閱讀理解，故不做贅述。

$$TF\text{-}IDF(\text{word} \mid \text{docuements}) = TF_{Score} \times IDF_{score} \tag{8.25}$$

$$TF\text{-}IDF_{sentence}(\text{word} \mid \text{docuements}) = \sum_{i=0}^{n} TF\text{-}IDF_i \tag{8.26}$$

2. BM25 相關性演算法

BM25 演算法於 1994 年發佈，是調整相關性計算的第 25 次迭代。BM25 演算法的原理源自機率資訊檢索。它將相關性視為機率問題，相關性分數應該反映使用者考慮結果相關性的機率。BM25 演算法常被用於計算搜尋詞與商品之間的相關性、搜尋詞與回答之間的相關性及智慧客服的使用者問題與答案之間的相關性。

BM25 的主要思想為對輸入的問題 Q 進行語素解析，生成語素 q_i；計算語素 q_i 與候選文件 d 的相關性得分，最後，將 q_i 相對於 d 的相關性得分進行加權求和，從而得到 Q 與 d 的相關性得分。BM25 演算法的一般性公式如式 (8.27) 所示。

$$Score(Q,d) = \sum_{i}^{n} W_i R(q_i,d) \tag{8.27}$$

其中，Q 表示查詢問題 Query；q_i 表示 Q 分詞之後的每個單字；d 表示一個文件；W_i 表示 q 的權重；$R(q_i,d)$ 表示詞 q_i 與文件 d 的相關性得分。值得一提的是，BM25 可以看成對 TF-IDF 的改進，即 W_i 為對 IDF 的改進，$R(q_i,d)$ 為對 TF 的改進。就權重 W_i 而言，用來判斷一個詞與一個文件相關性的權重方法有很多種，較常用的是 IDF，如式 (8.28) 所示。

$$\text{IDF}(q_i) = \log \frac{N - n(q_i) + 0.5}{n(q_i) + 0.5} \tag{8.28}$$

其中，N 為索引中的全部文件數，$n(q_i)$ 為包含了 q_i 的文件數。此時的 IDF 和 TF-IDF 定義的逆文件頻率有少許不同，但大致曲線相同。對於給定的文件集合，包含語素 q_i 的文件數越多，則 q_i 的權重越低。換句話說，當很多文件都包含了 q_i 時，q_i 的區分度就不高了，因此使用 q_i 來判斷相關性時的重要度就較低。

除此之外，影響 BM25 得分的還有語素 q_i 與文件 d 的得分 $R(q_i,d)$，其通常以如式 (8.29) 和式 (8.30) 的形式表示：

$$R(q_i,d) = \frac{f_i(k_1 + 1)}{f_i + K} \cdot \frac{qf_i(k_2 + 1)}{qf_i + k_2} \tag{8.29}$$

$$K = k_1\left(1 - b + b \cdot \frac{\text{dl}}{\text{avgdl}}\right) \tag{8.30}$$

其中，k_1、k_2 和 b 為調節因數，一般根據經驗設置，通常 k_1=2、k_2=1、b=0.75；f_i 為 q_i 在 d 中出現的頻率；qf_i 為 q_i 在問題中出現的頻率；dl 為文件 d 的長度；avgdl 為所有文件的平均長度。由於絕大多數情況下，q_i 在問題中只會出現一次，即 qf_i=1，因此式 (8.29) 又可以簡化為

$$R(q_i,d) = \frac{f_i(k_1 + 1)}{f_i + K} \tag{8.31}$$

從 K 的定義中可以看到，參數 b 的作用是調整文件長度對相關性影響的大小。b 越大，文件長度對相關性得分的影響越大，反之越小；而文件的相對長度越長，K 值將越大，則相關性得分越小。可以視為當文件越長時，包含 q_i 的機會越大，因此，在同等 f_i 的情況下，長文件與 q_i 的相關性應該比短文件與 q_i 的相關性弱，因此，BM25 演算法的相關性得分公式如式 (8.32) 所示。

$$\mathrm{Score}(Q,d) = \sum_{i}^{n} \mathrm{IDF}(q_i) \frac{f_i(k_1+1)}{f_i + k_1\left(1 - b + b \cdot \dfrac{\mathrm{dl}}{\mathrm{avgdl}}\right)} \qquad (8.32)$$

從 BM25 的公式可以看到，透過不同的語素分析、語素權重判定及語素與文件的相關性判定方法，演算法人員可以衍生出不同的搜尋相關性得分計算方法，這給許多的應用場景提供了較大的靈活性。

3. 基於 BERT 模型的資訊檢索

Dai Zhuyun[23] 等使用 BERT 文字分類任務匹配與問題相關的文件，其透過全連接層二分類的預測分數對召回的文件進行排序，如圖 8.22 所示。相較於傳統統計方法，BERT 模型因為無須對問題進行分詞處理，因此能更進一步地保留字和詞之間的邊界關係，進而能表現出更良好的性能。然而，真實場景的文件長度常常多於 512 個字元，而且基於 BERT 模型的資訊檢索系統需要準確的標籤。與此同時，該資訊檢索系統在硬體資源消耗和預測推理速度等方面都面臨著嚴峻挑戰，因此，在對算力與回應速度都無要求的前提下，基於 BERT 模型的資訊檢索系統仍然有應用價值。

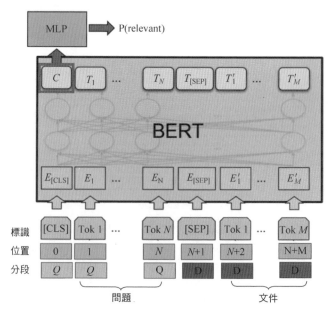

▲ 圖 8.22 基於 BERT 模型的資訊檢索 [23]

4. ElasticSearch

　　由於真實場景下的候選文件長度往往都超過 512 個字元，並且候選文件數量許多，以至於粗召回的環節並不適合使用深度學習的方法進行資訊檢索。為此，這裡選用傳統的統計方法 BM25 作為資訊檢索的粗召回演算法。在計算問題與候選文件的相關性得分時，ElasticSearch 元件除了考慮問題與文件之間的 TF-IDF，還能透過引入其他資訊增強問題和文件的連結，如政策檔案和問題中通常會出現地名，地名對文件的召回也起著關鍵性的作用。除此之外，ElasticSearch 能夠實現查詢億級資料毫秒級傳回的性能要求，非常適合模型在真實場景的應用。

　　ElasticSearch 是一個基於 Lucene 函式庫的搜尋引擎，其搜尋基於 BM25、TF-IDF 等傳統演算法。它提供了一個分散式、支援多租戶的全文檢索搜尋引擎，具有 HTTP Web 介面和無模式 JSON 文件，其底層由 Java 開發，並在 Apache 許可證下作為開放原始碼軟體發佈。官方使用者端在 Java、.NET(C#)、PHP、Python、Apache Groovy、Ruby 和許多其他語言中都可以使用。Python 使用 ElasticSearch 只需使用 pip 命令下載並安裝 ElasticSearch 便能以 API 的方式呼叫其檢索和查詢功能。如表 8.6 所示，ElasticSearch 和傳統資料庫相比差異明顯，但操作方法和常用的資料庫 MySQL 類似。資料的存取和增、刪、查、改是資料庫建立的基礎，ElasticSearch 的使用也需要本地安裝與建構。接下來將透過實際操作講解如何安裝與建構 ElasticSearch。

▼ 表 8.6 ElasticSearch 與傳統資料庫的區別

關聯式資料庫 (如 MySQL)	非關聯式資料庫 (ElasticSearch)
資料庫 Database	索引 Index
表 Table	類型 Type
資料行 Row	文件 Document
資料列 Column	欄位 Field
約束 Schema	映射 Mapping

　　實踐環境使用的是 Ubuntu 作業系統。安裝部署 ElasticSearch 步驟如下：進入 ElasticSearch 官網，下載當前系統調配的 ElasticSearch 套件，如圖 8.23 所示，這裡選擇了 Linux X86_64 的 7.10.2 版本進行下載。

▲ 圖 8.23 ElasticSearch 官網下載介面

　　下載對應版本的檔案並進入 bin 資料夾執行 ElasticSearch 檔案即可在本地部署 ElasticSearch。

```
# 在任意路徑下建立路徑
cd ****              # 跳躍至自己要安裝 ElasticSearch 的路徑
mkdir elasticSearch  # 建立 ElasticSearch 資料夾

# 下載 ElasticSearch
curl -L -O https://artifacts.elastic.co/downloads/elasticsearch/elasticsearch-
7.10.2.tar.gz
# 解壓壓縮檔
tar -xvf elasticsearch-7.10.2.tar.gz
# 啟動 ElasticSearch
cd elasticsearch-7.10.1/bin
./elasticsearch -d # 為了方便其他命令互動
```

　　成功啟動的 ElasticSearch 會在背景工作。驗證 ElasticSearch 是否正常執行僅需向本機伺服器的預設通訊埠 9200 發送請求。如果能接收到如圖 8.24 所示的欄位，則代表 ElasticSearch 在正常執行。

```
curl 'http://localhost:9200/?pretty'
```

在 ElasticSearch 正常啟動後，對文件資料的增、刪、查、改及資訊檢索僅需透過 Python 語言互動，將會在後邊的具體任務中進行詳細闡述。

```
{
  "name" : "gpu1",
  "cluster_name" : "elasticsearch",
  "cluster_uuid" : "-7cQMFiCQem2m0U75Ig7KQ",
  "version" : {
    "number" : "7.10.1",
    "build_flavor" : "default",
    "build_type" : "tar",
    "build_hash" : "1c34507e66d7db1211f66f3513706fdf548736aa",
    "build_date" : "2020-12-05T01:00:33.671820Z",
    "build_snapshot" : false,
    "lucene_version" : "8.7.0",
    "minimum_wire_compatibility_version" : "6.8.0",
    "minimum_index_compatibility_version" : "6.0.0-beta1"
  },
  "tagline" : "You Know, for Search"
}
```

▲ 圖 8.24 ElasticSearch 執行成功介面

8.5.3 多工學習

對於一個使用者的提問，假設 ElasticSearch 以一個較高的召回率從 8000 個文件中召回了 1 個文件，將該文件做取出式閱讀理解會極大地簡化多文件機器閱讀理解任務的難度。然而，基於傳統方法的資訊檢索技術在 TOP1 召回率上並不能保證很好的性能，這表示只召回一個文件會造成誤差傳播的災難，即資訊檢索召回的文件錯誤時，無論機器閱讀理解模型學得有多好，也回答不了使用者的問題。所以，為了提高機器閱讀理解模型的性能，演算法人員通常使用資訊檢索技術召回多個相關文件。與此同時，由於召回的候選文件過長，常用的解決想法是對文件進行滑動切片，即將一篇文件分割成多個子部分，分別輸入模型進行機器閱讀理解任務。

此時，一個問題會得到多個相關文件。為了獲得更好的答案，需要讓模型衡量問題與對應文件是否相關。任務的設計方法如圖 8.25 所示，演算法人員可以透過 BERT 模型的下游分類任務來判斷輸入的問題與候選文件的切部分落是否匹配，這是一個二分類任務。

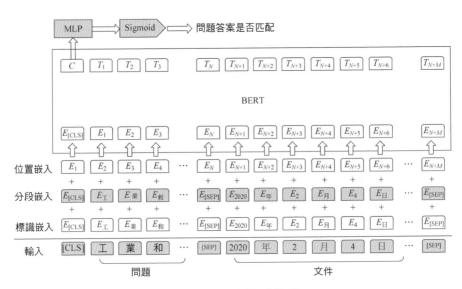

▲ 圖 8.25 二分類匹配任務

使用 BERT 模型建構一個經典的機器閱讀理解任務的方法如圖 8.26 所示。對於輸入的問題和候選文件部分，演算法人員透過 BERT 模型對文字內容嵌入編碼

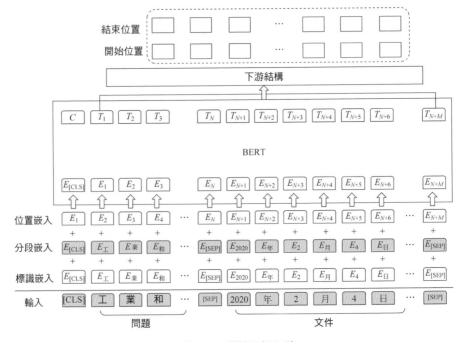

▲ 圖 8.26 閱讀理解任務

及自注意力互動得到向量，透過指標的方法找到答案開始和結束位置的索引，從而取出式地獲取答案。儘管經歷過粗召回與細召回兩個環節雙重把關，但模型召回相關文件並輸出正確答案的性能仍然不能被完全保證，因此測試集往往會有許多問題需要以無答案的形式出現。

從直覺上來看，如果演算法能夠透過學習一段語義來解決問題 A，又能透過這段語義解決與問題 A 相關的問題 B，則模型往往對這一段話有著更深刻的理解。同樣地，多工學習也源自這種思想。每個任務有相關部分也有不相關部分，當學習某個主任務時，與其不相關的任務稱為雜訊，因此引入多工就相當於引入雜訊來提升模型的泛化能力。另外，單任務學習的梯度反向傳播容易陷入局部極小值，而多工學習中不同任務的局部極小值往往處於不同的位置，可以幫助模型在訓練過程中逃離局部極小值。大量實驗證明，多工學習不僅能並行解決多項任務，而且任務間的雙向互動往往能提高模型在高維空間的語義理解，以達到提升模型性能的作用。

不難發現，二分類匹配任務與閱讀理解任務高度相關且共用相同的輸入向量，因此採用多工學習框架建構多工機器閱讀理解來完成細召回的演算法部分如圖 8.27 所示。

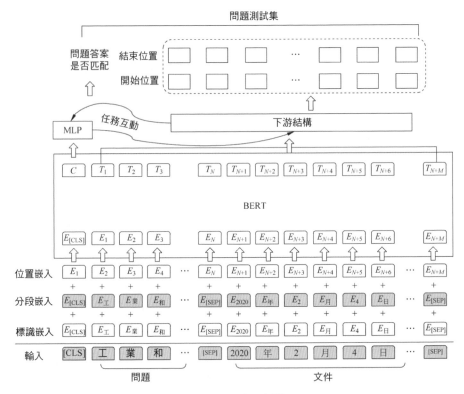

▲ 圖 8.27 多工學習

8.5.4 實踐

　　實踐的粗召回部分可以使用 ElasticSearch 或 BM25 演算法，8.5.2 節已介紹了 ElasticSearch，其核心也是 BM25 演算法，只是在 BM25 演算法的基礎上增添了一些更有用的功能。實踐的細召回部分則是基於第 7 章文字分類的程式框架進行了改進，使其能夠完成多工機器閱讀理解。

1. 資料分析

　　賽題提供了政策文件資料集、問題訓練集和問題測試集。本書對問答訓練集和問答測試集中的問題進行了統計，結果如表 8.7 所示。統計資訊顯示，兩個資料集的長度分佈差異不大，問題的長度均在 25 個字元左右。

▼ 表 8.7 問題訓練集和問題測試集統計

問題訓練集				問題測試集			
問題個數	最短問題字數	最長問題字數	平均問題字數	問題個數	最短問題字數	最長問題字數	平均問題字數
5000	8	97	25.74	1632	10	98	26.05

程式如下:

```python
#chapter8/Dataview.py

import pandas as pd # 匯入 Pandas 套件
file_path="/home/wangzhili/lei/Search_QA/data/"
# 載入檔案
train_df = pd.read_csv(file_path + 'NCPPolicies_train_20200301.csv', sep='\t',
error_bad_lines=False)
test_df = pd.read_csv(file_path + 'NCPPolicies_test.csv', sep='\t', error_bad_
lines=False)
# 問題長度統計
print(train_df['question'].apply(len).describe())
print(test_df['question'].apply(len).describe())
```

此外,這裡利用提問常用的特殊關鍵字統計了問題類型的分佈,如表 8.8 所示。統計顯示,標注人員對政府政策文件的提問範圍廣泛,其中地點、原因及方法類的提問在問題訓練集和問題測試集均佔有更高的比重,並且問題訓練集和問題測試集幾乎擁有相同的資料分佈,如圖 8.28 所示。

▼ 表 8.8 問題類型規則方式

地點	時間	方法	原因	數量	其他
「哪」	時、多久、多長	如何、怎麼、怎樣	為什麼、由於、原因	幾、多少	──

程式如下:

```python
#chapter8/Dataview.py
# 統計問題類型
def block_question(question):
    """ 問題透過規則映射 """
    if '哪' in question:
        return 1
    elif '時' in question or '多久' in question or '多長' in  question:
# print(question)
```

```
        return 2
    elif '如何'in question or '怎麼' in question or '怎樣' in question :
        return 3
    elif '為什麼'in question or '由於' in question or  '原因' in question :
        return 4
    elif '幾' in question or '多少' in question:
        return 5
    else:
        return 6
# 問題類型映射及統計
train_df['block_q']=train_df['question'].apply(block_question)
test_df['block_q']=test_df['question'].apply(block_question)
train_df['block_q'].value_counts().plot.pie()
test_df['block_q'].value_counts().plot.pie()
```

問題訓練集　　　　　　　　　　　　　問題測試集

■ 地點　■ 時間　■ 方法　■ 原因　■ 其他　■ 數量　　　　　■ 地點　■ 時間　■ 方法　■ 原因　■ 其他　■ 數量

▲ 圖 8.28　問題類型分佈

　　同時，這裡還統計了政策文件的長度，如表 8.9 與圖 8.29 所示。政策文件資料集的文件長度分佈不均勻，文件長度偏長，不適合直接使用預訓練模型微調閱讀理解任務。

▼ 表 8.9　政策文件資料集統計

文件個數	最短文件字數	最長文件字數	平均文件字數
8932	21	54169	1618.54

　　程式如下：

```
#chapter8/Dataview.py
# 統計文件長度
def block_len(t_len):
    """ 長度映射 """
    if t_len64:
        return 0
```

```
        elif t_len128:
            return 1
        elif t_len256:
            return 2
        elif t_len512:
            return 3
        elif t_len1024:
            return 4
        elif t_len2048:
            return 5
        else:
            return 6
# 載入檔案
contex_df = pd.read_csv(file_path + 'NCPPolicies_context_20200301.csv', sep='\t',
error_bad_lines=False)
contex_df['text_len']=contex_df['text'].apply(len)
print(contex_df[ 'text_len' ].apply(block_len).value_counts())
```

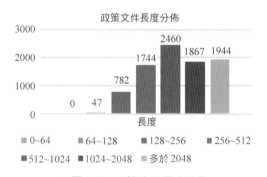

▲圖 8.29 政策文件長度分佈

因此，設計了以下的實驗。本次實驗針對多文件機器閱讀理解任務設計了如圖 8.30 所示的流程，分別為資訊檢索、文件細召回、段落劃分及機器閱讀理解。

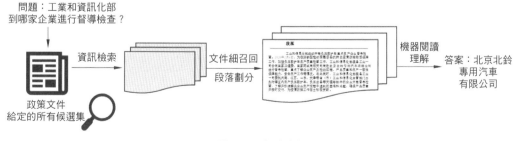

▲圖 8.30 實驗流程圖

2. 基於 ElasticSearch 的資訊檢索

建構 ElasticSearch 索引以存放政策文件候選集。實驗根據政策文件給定的資料在映射中設置了 word_phrase、entities、passage、ad 和 docid。值得一提的是，由於政策文件存在大量地名，而出現的地名在問題和文件的召回中往往起著決定性的作用，為此建構了一些地址詞彙資訊，以提升 ElasticSearch 召回候選文件的性能，程式如下：

```python
#chapter8/Search/build_es.py
# 建構 ElasticSearch 索引以存放政策文件候選集
class ElasticObj:
    def __init__(self, index_name, index_type, passage_path, ip="127.0.0.1"):
        '''
        :param index_name: 索引名稱
        :param index_type: 索引類型
        :passage_path: 文章路徑
        '''
        self.index_name = index_name
        self.index_type = index_type
        self.passage_path = passage_path        # 候選文件路徑
        self.es = Elasticsearch([ip])           #ElasticSearch
    def create_index(self):
        '''
        建立索引, 名稱為 ott、類型為 ott_type
        :param ex: ElasticSearch 物件
        :return:
        '''
        # 建立映射
        _index_mappings = {
            "mappings": {
                "properties": {
                    "word_phrase": {
                        "type": "text",
                        "analyzer": "ik_smart"
                    },
                    "entities": {
                        "type": "text",
                        "analyzer": "ik_smart"
                    },
                    "passage": {
                        "type": "text",
                        "analyzer": "ik_max_word",
                        "search_analyzer": "ik_smart"
                    },
```

```
                        "ad": {
                            "type": "text",
                            "analyzer": "whitespace",
                            "search_analyzer": "whitespace"
                        },
                        "docid": {
                            "type": "text"
                        }
                    }
                }
            }
        if self.es.indices.exists(index=self.index_name) is not True:
            res = self.es.indices.create(index=self.index_name, body=_index_mappings)
# 沒有索引時根據映射建立
            print(res)
```

　　讀取給定的政策文件並將其寫入已經建構成功的 ElasticSearch 索引中，程式如下：

```
#chapter8/Search/build_es.py
#ElasticObj 類別下方法
def bulk_Index_Data(self):
    # 存放資料
    ACTIONS = []
    i = 1
    d = Dict("data")
    with open(self.passage_path) as f:
        context_df=pd.read_csv(self.passage_path,sep='\t')
        for i,row in tqdm(context_df.iterrows()):
            doc_id = row['paraid']
            content = row['text']
            if content==' ':
                continue
            entities=','.join(city_entiy(content))# 根據規則取出城市名稱
            # 取出特殊詞性的精練詞
            tagList = jieba.analyse.extract_tags(content, topK=10)
            tagList=delete_common(tagList)
            passage_match = d.multi_match(content)
            try:
                # 映射成城市 id
                passage_code =list({passage_match[k]['value']['code'][:2] for k in
passage_match})
            except:
                continue
            action = {
                "_id": doc_id,
```

```
                    "_index": self.index_name,
                    "_type": self.index_type,
                    "_source": {
                        "passage": re.sub('\s+', '', content),
                        "docid": doc_id,
                        "entities": entities,
                        "word_phrase": ','.join(tagList),    # 精練詞
                        "ad": ' '.join(passage_code) 地區 id
                    }
                }
            ACTIONS.append(action)
        print(len(ACTIONS))                                  # 資料長度
        # 把所有資料寫入 ElasticSearch 的索引中
        success, _ = helpers.bulk(self.es, ACTIONS, index=self.index_name, raise_
on_error=True)
        print('Performed %d actions' % success)
if __name__ == '__main__':
    path = "/Search_QA/data/para/para_context.csv"    # 政策文件路徑
    ip = "127.0.0.1"                          # 可遠端連接，本地配置時指定為 127.0.0.1
    index_name = "0216"                       # 索引唯一名稱，類似於資料庫名稱，用來區別索引
index_type = "_doc"                           # 儲存檔案的類型
    obj = ElasticObj(index_name,index_type,ip=ip, passage_path=path)
            obj.create_index()  # 建立索引
    obj.bulk_Index_Data()           # 寫入資料
```

　　在所有的政策文件寫入資料庫後，只需對使用者問題進行分詞並將其輸入
ElasticSearch，便能呼叫 ElasticSearch 的引擎來執行相關召回演算法，從而獲得排
序後的相關文件和召回分數，召回範例如圖 8.31 所示，程式如下：

```
#chapter8/Search/train_es.py
from elasticsearch import Elasticsearch
# 連接本地 ElasticSearch
es = Elasticsearch(
    ['127.0.0.1'],)
query= '天津市繼續教育網在 " 抗疫知識專欄 " 中設有哪兩類課程？'         # 給定一個問題
# 問題資訊分詞及取出
neus, entity, target=key_entity(query,(stop_flag,stopwords))      # 問題中的特殊詞
tagList = jieba.analyse.extract_tags(d[-1], topK = 8)
tagList = list(set(tagList))                                      # 特殊詞性詞
tagList=delete_common(tagList)                                    # 刪除通用的詞
passage_match = di.multi_match(query)
# 問題中是否包含地址資訊
passage_code = list({passage_match[k]['value']['code'][:2] for k in passage_match})
q_l = list(set(list(entity+target+neus)))
```

```
doc = {......} # 見程式中的詳細描述，將拆分後的問題處理成 es 介面合適的格式
# 資訊檢索，獲取前 50 個候選文件
results = es.search(index='0106', doc_type='_doc', body=doc, size=50)['hits']['hits']
print(result)
```

[{'_index': '0106',
'_type': '_doc',
'_id': '34830ac2ef5d314fbad41f7beed484f4',
'_score': 439.3067,
'_source': {'passage': ' 市人社局關於在天津市專業技術人才繼續教育網增設抗疫知識專欄的通知市人社局關於在
天津市專業技術人才繼續教育網增設抗疫知識專欄的通知各區人力資源和社會保障局，各委辦局（集團公司）、
人民團體、大專院校、科學研究機構人力資源（教育）部門，有關單位：為貫徹落實總書記重要指示精神，助
力打贏新冠肺炎疫情防控阻擊戰，普及科學知識，增強公眾戰勝疫情的信心，市人社局決定在天津市專業技術
人才繼續教育網（以下簡稱「繼續教育網」）中增設「抗疫知識專欄」，現就有關事項通知如下：一、「抗疫
知識專欄」中設有兩類課程，「新冠肺炎防疫小課堂」主要發佈有關新冠肺炎的科學知識；「防疫抗疫身心調
節公益課堂」主要發佈中國心理學會、清華大學等知名專家講授的有關疫情防控期間心理健康調適方法和技
巧。二、從即日起至疫情結束，本市專業技術人才以及廣大公眾，可直接登入繼續教育網（網址：http://tjjxjy.
chinahrt.com）首頁，按一下「抗疫知識專欄」；或在市人社局官網（網址：http://hrss.tj.gov.cn/）首頁「最新公告」
專欄，打開相關通知中的連結，即可免費學習。三、對專業技術人才在上述期間參與「抗疫知識專欄」學習的，
根據實際學習時長，最高可計為本人 2020 年度繼續教育公需科目選修課的 6 個學時。四、各單位要積極宣傳、
組織引導專業技術人才和廣大公眾參與「抗疫知識專欄」學習。若學習中遇到困難，可及時聯繫繼續教育網技
術客服（電話：4000666099）或市人社局專業技術人員管理處（電話：83218135）。2020 年 2 月 18 日（此件主動
公開）抄送：中國北方人才市場。',
    ='docid': '34830ac2ef5d314fbad41f7beed484f4',
    'entities': ', 普及 , 中國 , 天津市 ',
    'word_phrase': ' 抗疫 , 教育網 , 專欄 , 社局 , 市人 , 人才 , 知識 , 專業 , 技術 ',
    'ad': '45 43 12'}},
    {'_index': '0106',
'_type': '_doc',
'_id': 'b1bab92d78c33780b45eff48fed3fc7a',
'_score': 187.01013,
'_source': {'passage': ' 天津上線 " 藝術雲課堂 " 首批 34 位名家新秀以 " 藝 " 戰 " 疫 " 新華社天津 2 月 17 日電（記
者周潤健）"' 雲課堂 ' 的形式很新穎，拉近了演員和觀眾之間的距離。希望透過我的直播介紹，能讓更多的年輕
人喜歡上河北梆子。" 天津河北梆子劇院優秀青年女老生演員陳亭說。天津北方演藝集團和天津市文化和旅遊
局聯合打造的公益專案 " 名家新秀藝術雲課堂 "16 日正式上線。作為首期 " 雲課堂 " 講解人，陳亭線上與觀眾
朋友們交流了河北梆子的發展史以及自己學藝和表演時的心得體會，同時引領觀眾賞析老生行當中風格各異的
角色。據了解，" 雲課堂 " 採取 " 直播＋回顧 " 的雙播形式，疫情防控期間，每週三、週六、周日開播，每期 1
位嘉賓，每期課程 30 分鐘。首批確定參與 " 雲課堂 " 公益專案直播的名家新秀共有 34 位，全部來自天津市各
大國有文藝院團。疫情防控期間，他們將線上分享藝術知識，導賞藝術精品，發佈抗 " 疫 " 新作，宣傳防疫知
識。" 平時我們都在舞臺上享受與觀眾的最直接互動，特殊時期，我們也願意透過網路與觀眾隔空互動。" 天津
京劇院中國戲劇梅花獎得主王豔說，"" 雖然我對直播技術有一些陌生，甚至是 ' 現學現賣 '，但我願意學著做一
個 ' 主播 '，陪伴廣大觀眾度過 ' 宅 ' 在家裡不能進劇場的日子。"',}
……]

▲ 圖 8.31　ElasticSearch 召回答案實例

3. 基於 BM25 演算法的資訊檢索

　　若讀者覺得 ElasticSearch 高度封裝且需額外配置環境較為煩瑣，也可嘗試直接使用 BM25 演算法的召回演算法建構實驗的粗召回部分，演算法性能也可達到與 ElasticSearch 相當的效果，程式如下：

```
#chapter8/Search/bm25_recall.py

# 停用詞和跳過詞性
stop_words = config.processed_data + 'baidu_stopwords.txt'
stopwords = codecs.open(stop_words, 'r', encoding='utf8').readlines()
stopwords = [w.strip() for w in stopwords]
stop_flag = ['x', 'c', 'u', 'd', 'p', 't', 'uj', 'm', 'f', 'r']


def tokenization(text):
    # 對一篇文章分詞、停用詞
    result = []
    words = pseg.cut(text)
    for word, flag in words:
        if flag not in stop_flag and word not in stopwords:
            result.append(word)
return result

def load_corpus(context_df):
    # 將政策檔案分詞後儲存至大串列
    corpus = []
    id_list = []
    for i in tqdm(range(len(context_df))):
        text_list = tokenization(context_df['text'][i])
        corpus.append(text_list.copy())
        id_list.append(context_df['docid'][i])
    return corpus, id_list
# 載入政策文件及訓練集和測試集
if __name__ == '__main__':
context_df = pd.read_csv(config.processed_data + 'NCPPolicies_context_20200301.
csv',sep='\t', error_bad_lines=False)

train_df = pd.read_csv(config.processed_data + 'NCPPolicies_train_20200301.csv',
sep='\t', error_bad_lines=False)

test_rs_pd = pd.read_csv(config.processed_data 'NCPPolicies_test.csv', sep='\t')
# 將所有的政策檔案處理成 BM25 所需要的語料
corpus, id_list = load_corpus(context_df)
```

　　每個文件得到如圖 8.32 所示的串列，同時保留對應的文件 id。

['福建', '部門', '聯合', '出臺', '暖', '企', '措施', '支援', '複', '工穩', '崗', '解決', '企業', '複產', '用工', '困難', '省政府', '省人', '社廳', '省工', '信廳', '省', '教育廳', '省', '財政廳', '省', '交通運輸', '廳', '省衛健委', '聯合', '下發', '通知', '出臺', '暖', '企', '措施', '支援', '疫情', '防控', '複', '工穩', '崗', '通知', '切實', '發揮', '農民工', '工作', '領導小組', '辦公室', '統籌', '協調', '作用', '勞務', '用工', '對接', '具備', '外出', '務工', '條件', '可成', '規模', '輸送到', '工地', '出行', '途', '天內', '相關', '症狀', '工地', '輸出地', '聯合', '點對點', '整合式', '直達', '企業', '運輸', '省級', '公共', '就業', '服務', '機構', '勞務輸出', '省份', '簽訂', '勞務', '協作', '協定', '設立', '勞務', '協作', '工作站', '工作站', '給予', '就業', '服務', '經費', '補助', '鼓勵', '優先', '聘用', '勞務', '人員', '省', '應對', '新冠', '肺炎', '疫情', '工作', '機構', '確認', '疫情', '防控', '急需', '物資', '生產', '企業', '引進', '勞動力', '用工', '服務獎', '補', '標準', '提到', '企業', '生產', '工作', '職工', '給予', '每人每天', '生活', '補助', '納入', '用工', '服務獎', '補', '範圍', '疫情', '回應', '結束', '穩定', '職工隊伍', '連續', '生產', '企業', '給予', '穩', '就業', '獎', '補', '加大', '失業', '保險', '穩崗', '返還', '力度', '微', '企業', '穩崗', '返還', '政策', '裁員', '率', '標準', '調整', '不', '高於', '上年度', '全國', '調查', '失業率', '控制目標', '參保', '職工', '人', '含', '企業', '裁員', '率', '調整', '不', '超過', '企業', '參保', '職工', '總數', '不', '裁員', '裁員', '符合條件', '參保', '企業', '返還', '上', '年度', '繳納', '失業', '保險費', '受', '疫情', '影響', '面臨', '暫時性', '生產', '經營', '困難', '恢復', '有望', '裁員', '裁員', '符合條件', '參保', '企業', '當地', '人均', '失業', '保險金', '參保', '職工', '人數', '落實', '失業', '保險', '穩崗', '返還', '政策', '職業技能', '培訓', '鼓勵', '技工', '院校', '學生', '符合', '疫情', '防控', '條件', '參加', '實習', '實訓', '探索', '簡易', '崗前', '技能', '培訓', '企業', '生產', '急需', '新', '錄用', '人員', '標準', '給予', '企業', '簡易', '崗前', '技能', '培訓', '補貼', '鼓勵', '實施', '線', '培訓', '受', '疫情', '影響', '企業', '停工', '期', '組織', '職工', '參加', '線', '線下', '職業培訓', '按規定', '納入', '補貼', '類', '培訓', '通知', '著力', '提升', '政策措施', '精準度', '有效性', '提升', '企業', '享受', '政策措施', '感', '企業', '落實', '落細', '防控', '主體', '責任', '落實', '返崗', '資訊', '登記', '班車', '錯峰', '接送', '員工', '分散', '用餐', '體溫', '監測', '應對', '措施', '確保', '複', '工穩', '崗', '疫情', '防控', '兩不誤', '記者', '潘園園']

▲ 圖 8.32　串列

　　此時，演算法人員只需使用 gensim 提供的圖 8.32 列表 BM25 函式便可以將所有的語料變成索引儲存，並透過呼叫 get_score() 方法計算問題與所有文件之間的 BM25 分數，程式如下：

```
#chapter8/Search/bm25_recall.py
from gensim.summarization import bm25
# 建構 BM25
bm25Model = bm25.BM25(corpus)
# 對於問題
query=' 天津市繼續教育網在 " 抗疫知識專欄 " 中設有哪兩類課程？ '
query = tokenization(query)# 分詞
# 建構 id 映射成文件的字典
id2doc = dict(zip(list(context_df['docid']), list(context_df['text'])))
scores = bm25Model.get_scores(query)
scores = np.array(scores)
sort_index = np.argsort(-scores)[:500]
doc_ids = [id_list[i] for i in sort_index][:3]
scores_value = [scores[i] for i in sort_index][:3]
for i,id in enumerate(doc_ids):
    print("id:{}".format(id))
    print("score:{}".format(scores_value[i]))
    print("passage:{}".format([id2doc[id]]))
```

　　由於實驗在 ElasticSearch 中引入了地名資訊，因此 ElasticSearch 更傾向於召回和問題擁有相同地點的文件，而 BM25 演算法的召回文件與 ElasticSearch 的召回文件有所不同，如圖 8.33 所示。

id: 34830ac2ef5d314fbad41f7beed484f4

score: 57.875210208413925

passage: ' 市人社局關於在天津市專業技術人才繼續教育網增設抗疫知識專欄的通知 市人社局關於在天津市專業技術人才繼續教育網增設抗疫知識專欄的通知 各區人力資源和社會保障局，各委辦局 (集團公司)、人民團體、大專院校、科學研究機構人力資源 (教育) 部門，有關單位：為貫徹落實總書記重要指示精神，助力打贏新冠肺炎疫情防控阻擊戰，普及科學知識，增強公眾戰勝疫情的信心，市人社局決定在天津市專業技術人才繼續教育網 (以下簡稱「繼續教育網」) 中增設「抗疫知識專欄」，現就有關事項通知如下：一、「抗疫知識專欄」中設有兩類課程，「新冠肺炎防疫小課堂」主要發佈有關新冠肺炎的科學知識；「防疫抗疫身心調節公益課堂」主要發佈中國心理學會、清華大學等知名專家講授的有關疫情防控期間心理健康調適方法和技巧。二、從即日起至疫情結束，本市專業技術人才以及廣大公眾，可直接登入繼續教育網 (網址：http://tjjxjy.chinahrt.com) 首頁，按一下「抗疫知識專欄」；或在市人社局官網 (網址：http://hrss.tj.gov.cn/) 首頁「最新公告」專欄，打開相關通知中的連結，即可免費學習。三、對專業技術人才在上述期間參與「抗疫知識專欄」學習的，根據實際學習時長，最高可計為本人 2020 年度繼續教育公需科目選修課的 6 個學時。四、各單位要積極宣傳、組織引導專業技術人才和廣大公眾參與「抗疫知識專欄」學習。若學習中遇到困難，可及時聯繫繼續教育網技術客服 (電話：4000666099) 或市人社局專業技術人員管理處 (電話：83218135)。2020 年 2 月 18 日 (此件主動公開) 抄送：中國北方人才市場。'

id: 5db3ed08679c33829a07ada724761177

score: 27.244799411048625

passage: ' 人社部疫情防控期間免費開放「技工教育網」並徵集優質數字教學資源 近日，人力資源社會保障部發出通知，決定在疫情防控期間免費開放「技工教育網」(http://jg.class.com.cn) 平臺全部功能和資源內容，助力全國技工院校開展線上教學，實現「開學延期、學習不延期」，並徵集優質數位教學資源。\u3000\u3000 通知要求，各級人社部門要高度重視疫情防控期間技工院校教育教學工作，組織本地區技工院校教師用好「技工教育網」平臺提供的各種類型資源內容。要根據不同技工院校需求進行分類指導，統籌使用本院校、本地區和「技工教育網」線上功能和教學課程。對於貧困地區技工院校，要依託對口幫扶、結對幫扶等形式，進一步加強線上教學工作指導。對於貧困家庭學生，各相關地區和院校要切實研究解決問題困難。同時，各級人社部門要做好優質數位教學資源徵集和上報工作，組織動員相關單位積極製作和提供數位教學資源。\u3000\u3000 據了解，技工教育網是集院校管理、校企合作、知識服務、資訊交匯於一體的知識應用服務平臺。平臺開設了政策檔案、院校導覽、國家級規劃教材、教材配套資源、一體化課改資源庫、特色專業建設庫、考試題庫、微課程、大賽專區等 9 個功能版塊，具備集資源整合、教材製作、授課學習、即時考核心、即時回饋、學情統計為一體的線上互動教學功能；匯集德育、通用職業素質、語文、數學等公共課和機械類、電工電子類、交通類、資訊類、財政商貿類、幼稚教育類等 30 多個專業的線上課程，以及電子教材、電子教案、微視訊、微動畫、試題試卷冊、示範課等數位教學資源 20000 多個，可以充分滿足教師線上互動教學和學生線上自主學習需要。'

id: b1bab92d78c33780b45eff48fed3fc7a

score: 18.01816497752055

要做好優質數位教學資源徵集和上報工作，組織動員相關單位積極製作和提供數位教學資源。\u3000\u3000 據了解，技工教育網是集院校管理、校企合作、知識服務、資訊交匯於一體的知識應用服務平臺。平臺開設了政策檔案、院校導覽、國家級規劃教材、教材配套資源、一體化課改資源庫、特色專業建設庫、考試題庫、微課程、大賽專區等 9 個功能版塊，具備集資源整合、教材製作、授課學習、即時考核心、即時回饋、學情統計為一體的線上互動教學功能；匯集德育、通用職業素質、語文、數學等公共課和機械類、電工電子類、交通類、資訊類、財政商貿類、幼稚教育類等 30 多個專業的線上課程，以及電子教材、電子教案、微視訊、微動畫、試題試卷冊、示範課等數位教學資源 20000 多個，可以充分滿足教師線上互動教學和學生線上自主學習需要。'

id: b1bab92d78c33780b45eff48fed3fc7a

score: 18.01816497752055

▲ 圖 8.33 BM25 及 ElasticSearch 的召回文件

passage:'天津上線「藝術雲課堂」首批 34 位名家新秀以「藝」戰「疫」新華社天津 2 月 17 日電 (記者 周潤健)「'雲課堂' 的形式很新穎，拉近了演員和觀眾之間的距離。希望透過我的直播介紹，能讓更多的年輕人喜歡上河北梆子。」天津河北梆子劇院優秀青年女老生演員陳亭說。天津北方演藝集團和天津市文化和旅遊局聯合打造的公益專案「名家新秀藝術雲課堂」16 日正式上線。作為首期「雲課堂」講解人，陳亭線上與觀眾朋友們交流了河北梆子的發展史以及自己學藝和表演時的心得體會，同時引領觀眾賞析老生行當中風格各異的角色。據了解，「雲課堂」採取「直播＋回顧」的雙播形式，疫情防控期間，每週三、週六、周日開播，每期 1 位嘉賓，每期課程 30 分鐘。首批確定參與「雲課堂」公益專案直播的名家新秀共有 34 位，全部來自天津市各大國有文藝院團。疫情防控期間，他們將線上分享藝術知識，導賞藝術精品，發佈抗「疫」新作，宣傳防疫知識。「平時我們都在舞臺上享受與觀眾的最直接互動，特殊時期，我們也願意透過網路與觀眾隔空互動。」天津京劇院中國戲劇梅花獎得主王艷說，「雖然我對直播技術有一些陌生，甚至是'現學現賣'，但我願意學著做一個'主播'，陪伴廣大觀眾度過'宅'在家裡不能進劇場的日子。」

▲圖 8.33(續)

4. 細召回

　　對於一個問題，粗召回環節需要召回 10 個候選文件才能保證可靠的召回率，從而讓閱讀理解模型不錯過真實的答案，但在 10 個候選文件中往往還會有著大量的段落需要完成閱讀理解任務。為了保證真實場景的效率，實驗需要對粗召回的 10 個候選文件進行段落劃分，透過細召回的方式保證線上的回應速度。

　　對於得到的候選文件，這裡使用了滑動切割的方法將文件分割成重疊的部分。為了防止滑動切割文件時截斷正確的答案，還統計了訓練集中答案長度的分佈，如圖 8.34 所示，程式如下：

```python
#chapter8/Data_view.py
train_df['answer_len'] =train_df['answer'].apply(len)
answer_counts = train_df['answer_len'].value_counts()
print(answer_counts)# 統計答案長度
answer_counts.hist()# 繪製長條圖
```

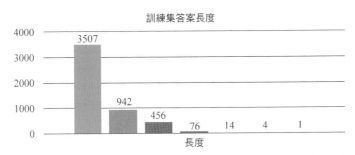

▲圖 8.34　訓練集答案長度分佈

根據答案長度的分佈，為了平衡文字被切分後的數量和答案的完整性，實驗將滑動視窗的位元組長度設置為 128，程式如下：

```
#chapter8/preprocess.py

def bound2oktext(text, max_len, window_size=0):
    """
    滑動切割法
    :param text: 過長的文字
    :param max_len: 限制的最大長度
    :window_size: 滑動視窗的位元組長度，防止截斷文字
    :return:list : 所有切分後的文字串列
    """
    new_test = []
    while text.__len__() = max_len:
        cut_text = text[:max_len]
        cut_list = list(cut_text)
        cut_list.reverse()
        cur = ''.join(cut_list)
        if re.search('\ ? |\ ; |\!|\。', cur) == None:
            try:
                stop_index = re.search('|\ ·|\ 、|\ : ', cur).start()
            except:
                stop_index = 0
        else:
            stop_index = re.search('\ ? |\ ; |\!|\。', cur).start()
        cut_text = cut_text[:cut_text.__len__() - stop_index]
        new_test.append(cut_text)

        back_index = max_len - stop_index - window_size # 滑動視窗 size
        if max_len - stop_index - window_size = 0:
            back_index = max_len - window_size
        text = text[back_index:]
    res_text = new_test
res_text.append(text)
# 對於每個召回的文件，以滑動視窗的方式劃分成多個段落
context_list = bound2oktext(row.context, config.sequence_length-query_len-3,128)
```

對於閱讀理解模型，演算法人員期望模型擁有匹配含有答案的候選段落和取出答案的能力。為了考慮真實場景的應用，採用細召回的方式，使用 8.2 節提及的 BLEU 評價指標衡量問題和文中出現答案的字詞關係。

對於得到的多個候選段落，按照 BLEU 評測方法，實驗分別計算其 2-gram、3-gram 及 4-gram 的準確度。此時將 BLEU 的 N 設計為 4，其 W_n 為 (0,1,1,1)。透

過衡量問題與段落之間的相似度對候選段落進行排名，實驗得到與當前問題更加相關的候選段落，程式如下：

```
#chapter8/search/test_es.py

# 測試集對於得到的文件進行段落劃分及 BLEU 得分計算
results = es.search(index='0106', doc_type='_doc', body=doc, size=50)['hits']
['hits']#ElasticSearch 得到的 50 個候選文件
score_list = [i['_score'] for i in results]
score_prob = [score_ / sum(score_list) for score_ in score_list]
all_context_list, bleu_list, fid_list, all_score_list = [], [], [], []
for index in range(len(results)):
"""candidate sample"""
# 欄位資訊獲取
    part = results[index]
    f_id = part['_id']
    context = part['_source']['passage']
    score = score_prob[index]
    text_len = len(context)
    query_len = len(query)
    context_list = [context]
    if text_len + query_len + 3 >= sequence_length:
        """ 過長文字滑動視窗切割 """
        context_list, start_list = split_text(context, sequence_length - query_len - 3)

    # 對每個段落計算 BLEU 得分
    bleu_score = [sentence_bleu([list(query)], list(para), weights=(0, 1, 1, 1))
for para in context_list]
    all_context_list.extend(context_list)
    bleu_list.extend(bleu_score)
    fid_list.extend([f_id] * len(context_list))
all_score_list.extend([score] * len(context_list))

# 根據 BLEU 得分召回前 10 個段落以提高模型速度
sorted_index = np.argsort(-np.array(bleu_list))[:10]
for index in sorted_index:
    # 將資料寫入記憶體推理
    writer.writerow([row.id, fid_list[index], all_context_list[index], query, '',
'-1', all_score_list[index],bleu_list[index]])
```

5. 資料構造

　　為了讓模型能夠同時擁有分辨段落是否擁有答案及取出式回答問題的能力，實驗設計了多工學習的結構，根據任務需求對粗召回文件的候選段落進行處理。實驗對候選段落計算 BLEU 分數，並透過 BLEU 分數和 BM25 粗召回得分映射的機率隨機採樣負樣本，讓與問題更相關但不包含正確答案的候選段落成為二分類匹配任務的負樣本，以增強模型的學習難度。為了防止滑動切割方法切斷答案，實驗還使用最大公共子串 (LCS) 的方式重新召回偽答案來填充訓練集，以增強資料及模型對於答案邊界資訊的穩健性，程式如下：

```python
#chapter8/ preprocess.py

def generate_data(data_df, flag):
    f = open(config.processed_data + 'split_{}.csv'.format(flag), 'w')
    wt = csv.writer(f)
    wt.writerow(['q_id', 'context', 'query', 'answer', 'score', 'start','bleu_score'])
    for i, row in tqdm(data_df.iterrows(), desc=flag):
        query_len = len(tokenizer.tokenize(row.query))
        text_len = len(tokenizer.tokenize(row.context))
        train_context = []
        train_start = []
        neg = 0
        if text_len + query_len + 3 >= config.sequence_length:
            print(text_len)
            """ 太長，截斷 """
            context_list, start_list = split_text(row.context, config.sequence_
length-query_len-3)

            for context in context_list:
                if pd.isna(row.answer):
                    train_context.append(context)
                    train_start.append(-1)
                    neg += 1
                    if neg == 1:
                        break
                elif find_all(context, row.answer) != -1:
                    """ 本段有答案 """
                    # 如答案出現多次，則給多個指標
                    index = find_all(context, row.answer)
                    train_context.append(context)
                    train_start.append(index)
                    break
        else:
            if pd.isna(row.answer):
                train_context.append(row.context)
                train_start.append(-1)
        else:
            if find_all(row.context, row.answer) != -1:
                train_context = [row.context]
                train_start = [find_all(row.context, row.answer)]
```

```
        else:
            # 用 LCS 找最長公共字串作為答案
            if len(row.context) < len(row.answer):
                continue
            answer_ = row.answer
            _, row.answer = lcs(row.context, answer_)
            print(' 初始答案（文中找不到）:', answer_)
            print(' 修復後 :', row.answer)
            if len(row.answer) =< 5:
                continue
            train_context = [row.context]
            train_start = [find_all(row.context, row.answer)]

    for idx, text in enumerate(train_context):
        bleu_score = sentence_bleu([list(row.query)], list(text), weights=(0, 1, 1, 1))
        start = train_start[idx]
        if start != -1:
            answer = row.answer
        else:
            answer = ''
        wt.writerow([row.q_id, text, row.query, answer, row.score, train_start[idx],
bleu_score])
if __name__ == '__main__':
    config = Config()
tokenizer=BertTokenizer.from_pretrained(pretrained_model_name_or_path=config.
model_path, do_lower_case=False, never_split=["[UNK]", "[SEP]", "[PAD]", "[CLS]",
"[MASK]"])
# 載入資料
    train_file = config.processed_data + 'joint_train.csv'
data_df = pd.read_csv(train_file)
# 劃分訓練集和驗證集
    train_df = data_df[:int(len(data_df) * 0.8)]
    dev_df = data_df[int(len(data_df) * 0.8):]
dev_test = dev_df[~dev_df['answer'].isna()]
# 產生切成段落前的驗證集，使驗證集和真實情況一致
dev_test.to_csv(config.processed_data + 'dev_like_test.csv', index=False)
# 產生訓練集和驗證集以訓練多工模型
    generate_data(train_df, 'train')
    generate_data(dev_df, 'dev')
```

　　對於機器閱讀理解任務，模型的資料登錄為問題與候選段落，輸出為二分類匹配任務與答案位置，因此 utils.py 檔案應該輸出二分類的標籤與答案的真實位置等資料，以形成一批批資料登錄模型進行訓練與預測，程式如下：

```
#chapter8/ utils.py
def convert_single_example(self, example_idx):
```

```python
# 獲取所有資訊
tokenizer = self.tokenizer
q_id = self.data[example_idx].q_id
text = self.data[example_idx].text
query = self.data[example_idx].query
answer = self.data[example_idx].answer
score = self.data[example_idx].score
start_list = self.data[example_idx].start
config = self.config
ntokens = []
segment_ids = []
""" 得到輸入的 token-----start-------"""
ntokens.append("[CLS]")
segment_ids.append(0)
# 得到問題的 token
"""question_token"""
q_tokens = tokenizer.tokenize(query)  #
# 把問題的 token 加入所有字的 token 中
for i, token in enumerate(q_tokens):
    ntokens.append(token)
    segment_ids.append(0)
ntokens.append("[SEP]")
segment_ids.append(1)
"""question_token"""
query_len = len(ntokens)
# 答案召喚匹配
text_token = self.match_token._tokenize(text)
mapping = self.match_token.rematch(text, text_token)
if [] in mapping:
    print(text_token, text)
#token 後的 start&&end
start_pos, end_pos, cls = [0] * config.sequence_length, [0] * config.sequence_length, 0
if start_list != -1:
    for start in start_list:
        """token 後答案的實際位置 """
        answer_token = tokenizer.tokenize(answer)
        pre_answer_len = len(tokenizer.tokenize(text[:start]))
        start_ = pre_answer_len + len(ntokens)
        end_ = start_ + len(answer_token) - 1
        if end_ <= config.sequence_length - 1:
            start_pos[start_] = 1
            end_pos[end_] = 1
    cls = 1
for i, token in enumerate(text_token):
    ntokens.append(token)
    segment_ids.append(1)
```

```
    if ntokens.__len__() >= config.sequence_length - 1:
        ntokens = ntokens[:(config.sequence_length - 1)]
        segment_ids = segment_ids[:(config.sequence_length - 1)]
    ntokens.append("[SEP]")
    segment_ids.append(0)
    """ 得到輸入的 token-------end--------"""
    input_ids = tokenizer.convert_tokens_to_ids(ntokens)
    input_mask = [1] * (len(input_ids)) #SEP 也當作 padding，mask
    while len(input_ids)   config.sequence_length:
        # 不足時補 0
        input_ids.append(0)
        input_mask.append(0)
        segment_ids.append(0)
            ntokens.append("**NULL**")
    assert len(input_ids) == config.sequence_length
    assert len(segment_ids) == config.sequence_length
    assert len(input_mask) == config.sequence_length
    """"token2id ---end---"""
return input_ids, input_mask, segment_ids, start_pos, end_pos, q_id, answer,
text, query_len, mapping, cls, score
```

在傳回的資料中，input_ids、input_mask 及 segment_ids 為問題和段落經分詞和映射後得到的 id，start_pos、end_pos 及 cls 為模型訓練的標籤，其餘皆為還原答案需保留的資訊。值得一提的是，考慮到答案可能多次在段落中出現，對文章出現答案的所有位置都用 start 與 end 進行了標注，即以向量的形式記錄，如圖 8.35 所示，部分「機器閱讀理解是機器像人一樣通讀文章後對資訊的理解以實現特定的任務」的答案為「機器閱讀理解」，此時答案的位置有兩處。

▲圖 8.35 起始答案設計方式

6. 模型建構

按照 8.5.3 節中的設計，多工機器閱讀理解模型聯合學習了段落是否包含答案及答案所在位置。由於機器閱讀理解任務的損失往往偏大，導致模型二分類匹配任務的學習過程過長，因此二分類匹配任務和機器閱讀理解任務的損失採用 0.99：0.01 的加權方式，以進行平衡訓練，程式如下：

```
#chapter8/ model.py
def forward(
        self,
        input_ids=None,
        attention_mask=None,
        token_type_ids=None,
        start_positions=None,
        end_positions=None,
        cls_label=None,
):
    #NEZHA
    if config.pretrainning_model == 'nezha':
        encoded_layers, pooled_output = self.bert(
            input_ids,
            attention_mask=attention_mask,
            token_type_ids=token_type_ids,
            output_all_encoded_layers=True
        )       #encoded_layers, pooled_output
        sequence_output = encoded_layers[-1]
    else:
        sequence_output, pooled_output, encoded_layers = self.bert(
            input_ids,
            attention_mask=attention_mask,
            token_type_ids=token_type_ids,
        )
    if self.params.fuse_bert == 'dym':
            #[batch_size,seq_len,512]
        sequence_output = self.get_dym_layer(encoded_layers)
    elif self.params.fuse_bert == 'weight':
        sequence_output = self.get_weight_layer(encoded_layers)

    # 下游結構
    if self.params.mid_struct == 'bilstm':
        feats = self.bilstm.get_lstm_features(sequence_output.transpose(1, 0),
attention_mask.transpose(1, 0))
    elif self.params.mid_struct == 'idcnn':
        feats = self.idcnn(sequence_output).transpose(1, 0)
    elif self.params.mid_struct == 'tener':
        feats = self.tener(sequence_output, attention_mask).transpose(1, 0)
    elif self.params.mid_struct == 'rtransformer':
        feats = self.rtransformer(sequence_output, attention_mask).transpose(1, 0)
    else:
        feats = sequence_output.transpose(0, 1)
    feats = feats.transpose(0, 1)                          #[batch, seq_len, hidden_size]

    # 任務 1：是否有答案
    cls_logits = self.task2(pooled_output)                 #batch_size,1
```

```
cls_pre = torch.sigmoid(cls_logits)                          #batch_size，1
# 任務 2：MRC
#[batch, seq_len]
start_logits = self.start_outputs(feats).squeeze(-1)
for highway in self.highway_layers:
    feats = highway(feats)
end_logits = self.end_outputs(feats).squeeze(-1)    #[batch, seq_len]
#Mask
start_logits = self.mask_logits(start_logits, attention_mask)
end_logits = self.mask_logits(end_logits, attention_mask)
# 指標
start_pre = torch.sigmoid(start_logits)              #batch x seq_len
end_pre = torch.sigmoid(end_logits)                  #batch x seq_len
# 答案互動
start_pre=cls_pre*start_pre
end_pre=cls_pre*end_pre
# 損失計算
if start_positions is not None:
    #total scores
    if self.params.imbalanced_qa_loss:
        start_loss = imbalanced_qa_loss(start_pre, start_positions, inbalance_
rate=10)
        end_loss = imbalanced_qa_loss(end_pre, end_positions, inbalance_rate=10)
        Mrc_loss = start_loss + end_loss
        CLS_loss = nn.BCELoss()(cls_pre, cls_label.unsqueeze(-1).float())
        return 0.01 * Mrc_loss + 0.99 * CLS_loss
# 答案預測
else:
    return start_pre, end_pre, cls_pre
```

　　閱讀理解任務也提供了 BiLSTM、TENER、R-Transformer 及 IDCNN 結構來重新捕捉 Transformer 遺失的方向資訊和薄弱的位置資訊。除此之外，為了讓多工能夠更進一步地調和，將二分類匹配任務的機率融入機器閱讀理解的機率中，因此在候選段落無真實答案時，即使閱讀理解任務分數高，機器閱讀理解模型輸出的答案位置機率也不產生位置指標，避免「強行回答」的狀況。

　　如圖 8.36 所示，對於一個提問的多個候選段落，機器閱讀理解模型可以得到多個答案。為了確保答案的高品質召回，綜合衡量問題和段落之間的相關性得分、二分類匹配任務得分及機器閱讀理解得分。

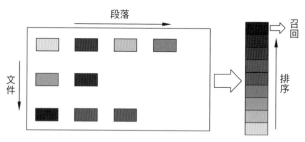

▲ 圖 8.36 問題對應候選段落召回

閱讀理解任務的答案得分如式 (8.33) 所示。其中，ω_s 和 ω_e 分別代表答案頭尾指標的權重比例，預設為 $1:1$；P_s 和 P_e 分別為答案的頭指標和尾指標機率。因為 log 函式對越小的值越敏感，如果其中有一項機率比較低，則會拉低整體分數。

$$\text{score}_{\text{ans}} = \exp\left(\frac{\omega_s \log P_s + \omega_e \log P_e}{\omega_s + \omega_e}\right) \tag{8.33}$$

因此，對於同一個問題召回的所有答案，採用式 (8.34) 來計算它們的綜合得分。其中，ω_{nsp} 和 ω_{ans} 是檢索和閱讀的分數權重，權重設置為 $0.99:0.01$。保留閱讀理解任務的權重是因為如果全部使用檢索分數，則最終的實驗結果會有所下降，筆者認為樣本中可能有少部分答案特別模糊且它們的檢索分數很接近，因此需要使用閱讀分數來消歧。

$$\text{score} = \exp\left(\frac{\omega_{\text{nsp}} \log P_{\text{nsp}} + \omega_{\text{ans}} \log P_{\text{ans}}}{\omega_{\text{nsp}} + \omega_{\text{ans}}}\right) \tag{8.34}$$

程式如下：

```
#chapter8/predict.py
def refind_answer(test_rs_pd, id_list, start_prob_list, end_prob_list,
questionlen_list,allmaping_list, context_list, alltype_list,fuse_weights):
    pred_answer_list = []
    C = 0
    answer_len = 64
    for id in tqdm(test_rs_pd['q_id'].unique()):
        score_dict = {}
        unique_index = [i for i, j in enumerate(id_list) if j == id]
        truepara_answer = 'SPECIL_TOKEN'
        for idx in unique_index:
```

```
        #context 位置 start 機率
        start_ = np.array(start_prob_list[idx])[questionlen_list[idx]:-1]
        #context 位置 end 機率
        end_ = np.array(end_prob_list[idx])[questionlen_list[idx]:-1]
        start_matrix = np.where(start_ = 0.5, 1, 0)
        end_matrix = np.where(end_ = 0.5, 1, 0)
        # 就近原則
        answer_ = find_neighbour(start_matrix, end_matrix, answer_len)
        start_logits, end_logits, start_index, end_index = 0, 0, 0, 0
        for start_idx, end_idx in answer_:
        start_prob = start_[start_idx]              # 最大機率
        end_prob = end_[end_idx]                    # 最大機率
        if start_prob + end_prob > start_logits + end_logits:
            start_logits = start_prob
            end_logits = start_prob
            start_index = start_idx
            end_index = end_idx
    try:
        real_start_index = allmaping_list[idx][start_index][0]
        real_end_index = allmaping_list[idx][end_index][-1]
    except:
        real_start_index, real_end_index = 0, 0
    if real_start_index >= real_end_index:
        continue
    if real_end_index - real_start_index + 1 > 100:
        continue
    answer = context_list[idx][real_start_index:real_end_index + 1]
    if answer == '':
        continue
    """ 評分 """
    w1, w2 = fuse_weights
    w_s,w_e=[1,1]
    epsilon = 1e-3
    cls_prob = alltype_list[idx][0]
    start_cls = start_prob_list[idx][0]
    end_cls = end_prob_list[idx][0]
    pos_cls = -(start_cls * end_cls)

    # 計算答案分數
    answer_score = np.exp((w_s * np.log(start_logits + epsilon) + w_e *
np.log(end_logits + epsilon)) / (
                            w_s + w_e))
    # 計算答案綜合分數
    score = np.exp((w1 * np.log(cls_prob + epsilon) + w2 * np.log(answer_score
+ epsilon)) / (
                    w1 + w2))
    score_dict[answer] = float(score)
  try:
```

```
        """ 最高分 """
        answer = sorted(score_dict, key=score_dict.__getitem__, reverse=True)[0]
    except:
        try:
            # 分數最高的段落
            answer = context_list[unique_index[0]][:answer_len]
        except:
            answer = ''
        if truepara_answer == answer:
            """ 最高分為實際候選集 """
            C += 1
        pred_answer_list.append(answer)
    return pred_answer_list, C
```

最終，透過粗召回、細召回及機器閱讀理解等環節，實驗能夠輸出更加準確的答案來回答真實場景的提問。

8.6　小結

本章介紹了機器閱讀理解任務的原理、評測指標及前端研究方法。在此基礎上，結合疫情政務問答幫手競賽實例，本章展示了自然語言處理相關演算法在真實場景中的應用。

對於某些特殊領域，如校園問答幫手、學科問答幫手等，多文件機器閱讀理解能夠代替人類閱讀巨量文獻並舉出準確答案，這在業界有著積極的意義。

第 9 章
命名實體辨識

在自然語言處理領域，在文字中提取能夠表徵全文資訊的詞語是當前的熱點方向，因此，命名實體辨識 (NER) 技術在文字搜尋、文字推薦、知識圖譜建構及機器智慧問答等領域都起著至關重要的作用。近年來，由於深度學習能夠將離散的字元 Token 矩陣轉換成緯度低但資訊量富集的詞向量矩陣，因此 NER 演算法使用詞向量矩陣能夠達到最佳性能。預訓練模型與 NER 技術的結合是本章展開描述的要點。

9.1　NER 技術的發展現狀

NER 技術的發展現狀如圖 9.1 所示。同理，NER 技術的迭代也離不開始於規則，發展壯大於深度學習的依賴路徑。當前深度學習的發展不僅誕生了簡單的 Word2Vec 詞向量模型，也迭代出了能夠解決一詞多義問題的類 BERT 模型，而且類 BERT 模型的發展進一步演進了對其模型層次資訊的研究，這一切都是為了提升 NER 技術的準確性。

▲ 圖 9.1　NER 技術發展現狀

9.2 命名實體辨識的定義

命名實體辨識是指辨識文字中預先定義好類別的實體，一般的實體類別包括地名、人名、機構名稱、數值等。例如：「明朝建立於 14 世紀，開國皇帝是朱元璋。」本書從這句話中提取出的實體如圖 9.2 所示。

機構 (ORG)：明朝；

時間 (Ti)：14 世紀；

人物 (Pe)：朱元璋。

命名實體辨識資料集的標籤一般使用 BIO 格式進行標注，B 代表實體的頭位置，I 代表實體的中間位置，O 則代表非實體標籤。

▲ 圖 9.2 NER 資料格式

9.3 命名實體辨識模型

命名實體辨識模型包含基於規則的 NER 模型、無監督模型、基於特徵工程的有監督機器學習模型及基於深度學習的 NER 模型。基於規則、無監督模型及機器學習的 NER 模型在第 3 章中已經詳細地進行了描述，模型之間的對比如圖 9.3 所示。

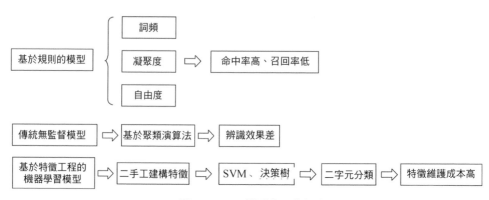

▲ 圖 9.3 NER 模型之間的對比

　　本章主要闡述當前常見且有效的 NER 模型都與深度學習相關。基於深度學習的主流模型結構如圖 9.4 所示。常用的預訓練模型有 Word2Vec、BERT、NEZHA 等，用來表徵 Token 的語義資訊；而下接結構如雙向長短時記憶 (BiLSTM) 網路、雙向門控循環單元 (BiGRU)、R-Transformer[1]、空洞卷積 (IDCNN)[2] 等模型結構則是用來補充文字序列的方向資訊；條件隨機場 (CRF) 則是基於下接結構傳來的隱含層 (Hidden) 值計算序列資訊的全域分佈，使 NER 模型在訓練過程中更加容易得到最佳解。

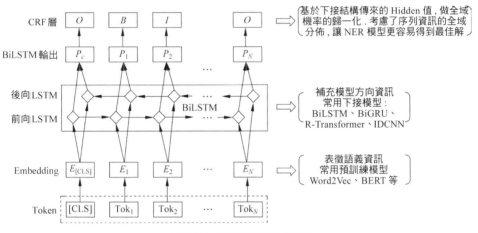

▲ 圖 9.4　NER 深度學習模型

9.3.1　預訓練模型

　　為了讓 NER 模型能夠更進一步地表徵文字的語義資訊，選擇優秀的預訓練模型至關重要。隨著深度學習技術的不斷發展，當前已經出現了許多表徵能力非常強的預訓練模型，如 RoBERTa、BERT-WWM 與 NEZHA 等，而 NEZHA 中文預訓練模型的誕生刷新了多項 NLP 任務的紀錄，其主要是基於 BERT 模型的缺陷與不足進行改進，匯聚了當前中文預訓練模型的優點進行預訓練，如圖 9.5 所示，從而得到一個語義表徵能力強的預訓練模型。

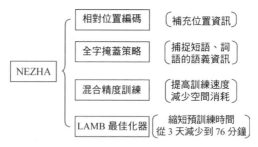

▲圖 9.5 NEZHA 模型的預訓練策略

　　首先，NEZHA 預訓練模型透過在 Transformer 模型中使用相對位置編碼來補充 BERT 模型因矩陣轉化而消失的位置資訊；其次，其透過將隨機掩蓋策略改為全字掩蓋策略 (WWM)，如圖 9.6 所示，進而幫助模型在預訓練過程中捕捉短語與詞語的語義資訊；最後，NEZHA 模型採用混合精度訓練與 LAMB 最佳化器兩種策略來降低預訓練過程中的時空複雜度，並且保證了微調過程的性能。

▲圖 9.6 全字掩蓋策略

9.3.2 下接結構

　　BiLSTM 與 BiGRU 結構在第 7 章已經進行了詳細介紹，本節將對 R-Transformer 與 IDCNN 模型結構介紹。R-Transformer 模型在 Transformer 模型結構上增加了改進的循環神經網路 (Local RNN)。RNN 長期以來一直是序列建模的主要選擇，然而，它嚴重受到兩個問題的困擾：無法捕捉非常長期的依賴關係和無法並行化順序計算過程。而 Transformer 與 Local RNN 的結合可以有效地捕捉序列中的局部結構和全域長期依賴關係，使用任何無須位置資訊，模型結構如圖 9.7 所示。其中，下層是 Local RNN，它依次處理本地視窗中的位置資訊；中間層是捕捉全域長期依賴的多頭自注意力層；上層是進行非線性特徵變換的前向網路。

這 3 個網路透過向量相加和層歸一化操作連接。附帶虛線的圓圈是輸入序列的填充。

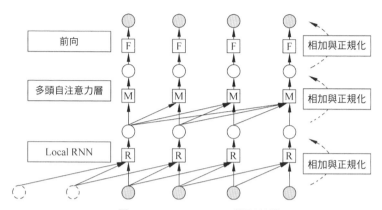

▲ 圖 9.7　R-Transformer 模型結構

另外，原始 RNN 會在每個位置保持隱藏狀態資訊，而 Local RNN 則僅對局部視窗內的位置操作。在每個位置，Local RNN 都會產生一個隱藏狀態，該狀態表示在該位置結束的本地視窗中的資訊。讀者可將兩種結構理解為 Local RNN 包含原始 RNN 的關係，原始 RNN 捕捉全域資訊，而 Local RNN 則透過局部視窗捕捉局部資訊，其局部視窗大小可以透過超參數進行設置，在極端的情況下，Local RNN 也可以變為原始 RNN，只需將局部視窗的大小設置成全域視窗大小。

IDCNN 和 CNN 一樣，但是其透過在卷積核心之間增加「空洞」(0)，使 IDCNN 的卷積在不需要池化操作的情況下增加感受野，增大模型看到資訊的範圍。它的缺點是會遺失局部資訊，雖然看得比較遠，但是有時遠距離的資訊並沒有相關性。然而，缺點有時又是優點，在需要解決長距離資訊依賴的語音和文字任務中，IDCNN 的性能表現相較優良。IDCNN 模型結構如圖 9.8 所示。

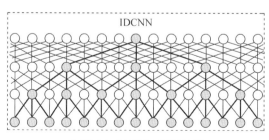

▲ 圖 9.8　IDCNN 模型結構

9.3.3 條件隨機場

CRF 透過 NER 模型下接結構傳來的 Hidden 值計算文字序列的分數，並將 BIO 格式的真實 Token 標籤與當前預測的分數進行損失計算。NER 模型透過梯度下降不斷進行迭代，最終收斂到最佳值。演算法人員可以利用得到的 NER 模型進行命名實體辨識，模型的預測過程只需利用維特比解碼演算法替換 CRF 結構，對下接結構傳來的 Hidden 值進行解碼，得到一個最佳的解碼序列，再透過規則將解碼所得的 BIO 格式進行轉化，最終抽出真實的實體。

9.4 命名實體辨識實驗

本節將基於第 7 章所提出的自然語言處理框架進行實驗，如圖 9.9 所示。專案程式根據命名實體辨識模型輸入、輸出格式的不同，修改了相應的程式檔案，保證了程式框架與第 7 章無異，進而保證了程式的重複使用性與解耦性，降低讀者的學習成本。

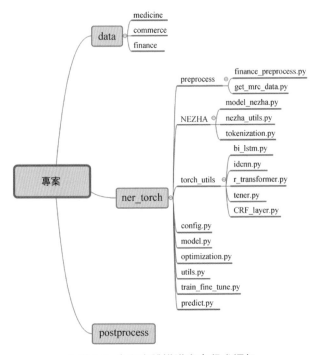

▲ 圖 9.9 命名實體辨識專案程式框架

9.4.1　資料介紹

圖 9.9 所示的 data 資料夾是本節使用的 3 種資料集，分別為醫學領域的阿里天池中醫藥資料集 (medicine)、2020 CCF BDCI 商業文字資料集 (commerce) 及 2019 CCF BDCI 的金融物理資料集 (finance)。3 種資料集的實體類別分為 13 個、14 個、1 個。

9.4.2　評估指標

命名實體辨識的評估指標採用精確率、召回率和 F1 分數，如式 (7.1)~(7.3) 所示。為了提高模型訓練過程中的效率，實驗在評估模型過程中採用序列評估，也是對模型預測出來的 BIO 格式的標籤與真實 BIO 格式的標籤計算精確率、召回率與 F1 分數，並列印出資料集中每個類別的精確率、召回率與 F1 分數。

9.4.3　資料前置處理

文字資料存在雜訊是在所難免的，所以實驗對資料集中存在的 HTML 字元及表情字元進行了清洗。與此同時，在本章採用的資料集中，金融物理資料集的長度超過了預訓練模型能夠處理的最大長度 (512)，因此對過長文字按照句子進行切割，以超參數設定的模型最大處理長度進行組裝，把長文字分成多筆資料，保證資料集的資訊不遺失。為了保證程式結構的重複使用性，實驗對 config.py 檔案進行了最佳化，讀者可在 data_type 中設置所需的資料集類型而無須修改任何程式。config.py 同時也包含了如何選擇預訓練模型、下游結構及與第 7 章程式框架類似的超參數，程式如下：

```
#chapter9/config.py
class Config(object):
def __init__(self):
    # 儲存模型和讀取資料參數
    # 資料集類型 medicine, commerce, finance
    self.data_type = 'commerce'
    if self.data_type == 'medicine':
        # 處理後的資料路徑
        self.processed_data = '/home/wangzhili/medicine/'
        # 模型儲存路徑
        self.save_model = '/home/wangzhili/medicine/model/'
```

```
        self.batch_size = 16
        self.sequence_length = 384
        # 標籤串列
        self.tags = ["[PAD]", "[CLS]", "[SEP]", "O",
                "B-DRUG", "I-DRUG",
                "B-DRUG_INGREDIENT", "I-DRUG_INGREDIENT",
                "B-DISEASE", "I-DISEASE",
                "B-SYMPTOM", "I-SYMPTOM",
                "B-SYNDROME", "I-SYNDROME",
                "B-DISEASE_GROUP", "I-DISEASE_GROUP",
                "B-FOOD", "I-FOOD",
                "B-FOOD_GROUP", "I-FOOD_GROUP",
                "B-PERSON_GROUP", "I-PERSON_GROUP",
                "B-DRUG_GROUP", "I-DRUG_GROUP",
                "B-DRUG_DOSAGE", "I-DRUG_DOSAGE",
                "B-DRUG_TASTE", "I-DRUG_TASTE",
                "B-DRUG_EFFICACY", "I-DRUG_EFFICACY",]
        self.checkpoint_path = "/home/wangzhili/model.bin"
    elif self.data_type == 'commerce':
        ...
    elif self.data_type == 'finance':
        ...
    self.use_origin_bert = False
    self.warmup_proportion = 0.05
    self.pretrainning_model = 'nezha'

    self.decay_rate = 0.5
    self.train_epoch = 8

    self.learning_rate = 1e-4
    self.embed_learning_rate = 5e-5

    self.embed_dense = 512

    if self.pretrainning_model == 'nezha':
        model = '/home/wangzhili/pre_model_nezha_base/'
    elif self.pretrainning_model == 'roberta':
        model = '/home/wangzhili/pre_model_roberta_base/'
    else:
        model = '/home/wangzhili/pre_model_electra_base/'

    self.model_path = model
    self.bert_config_file = model + 'bert_config.json'
    self.bert_file = model + 'PyTorch_model.bin'
    self.vocab_file = model + 'vocab.txt'
    """
    下接結構
```

```
"""
#BiLSTM、IDCNN、R-Transformer、Tener 和 Base
self.mid_struct = 'rtransformer'
self.num_layers = 1                   # 下游層數
#BiLSTM
self.lstm_hidden = 256                #BiLSTM 隱藏層大小
#IDCNN
self.filters = 128                    #idcnn
self.kernel_size = 9
#Tener
self.num_layers = 1
self.tener_hs = 256
self.num_heads = 4
#R-Tansformer
self.k_size = 32
self.rtrans_heads = 4

self.drop_prob = 0.1                  #drop_out 率
#self.gru_hidden_dim = 64
self.rnn_num = 256
self.restore_file = None
self.gradient_accumulation_steps = 1
self.embed_name = 'bert.embeddings.word_embeddings.weight' # 詞
```

以金融文字資料集為實例,進行資料清洗、過長文字切割組裝及將資料集轉為 BIO 格式,程式如下:

```
#chapter9/preprocess.py

# 清除無用字元核心函式
def stop_words(x):
    try:
        x = x.strip()
    except:
        return ''
    x = re.sub('{IMG:.?.?.?}', '', x)
    x = re.sub('!--IMG_\d+--', '', x)
    x = re.sub('(https?|ftp|file)://[-A-Za-z0-9+&@#/%?=~_|!:,.;]+[-A-
Za-z0-9+&@#/%=~_|]', '', x)                 # 過濾網址
    x = re.sub('a[^]*', '', x).replace("/a", "")       # 過濾 a 標籤
x = re.sub('P[^]*', '', x).replace("/P", "")       # 過濾 P 標籤
# 過濾 strong 標籤
    x = re.sub('strong[^]*', ',', x).replace("/strong", "")
    x = re.sub('br', ',', x)                            # 過濾 br 標籤
    x = re.sub('www.[-A-Za-z0-9+&@#/%?=~_|!:,.;]+[-A-Za-z0-9+&@#/%=~_|]', '',
x).replace("()", "")                                # 過濾 www 開頭的網址
    x = re.sub('\s', '', x)                             # 過濾不可見字元
```

```
    x = re.sub(' V ', 'V', x)

    for wbad in additional_chars:
        x = x.replace(wbad, '')
return x

# 超長文字按句切割
def _cut(sentence):
    """
    將一段文字切分成多個句子
    :param sentence:
    :return:
    """
    new_sentence = []
    sen = []
    for i in sentence:
        if i in ['。', '!', ' ? ', '?'] and len(sen) != 0:
            sen.append(i)
            new_sentence.append("".join(sen))
            sen = []
            continue
        sen.append(i)

# 一句話超過 max_seq_length 且沒有句點的，用 "," 切割，再長的不考慮了
    if len(new_sentence) <= 1:
        new_sentence = []
        sen = []
        for i in sentence:
            if i.split(' ')[0] in ['，', ','] and len(sen) != 0:
                sen.append(i)
                new_sentence.append("".join(sen))
                sen = []
                continue
                sen.append(i)
        if len(sen) > 0: # 若最後一句話無結尾標點，則加入這句話
            new_sentence.append("".join(sen))
return new_sentence

# 將資料集轉為 BIO 格式
# 構造訓練集與測試集
# 訓練集
with codecs.open(data_dir + 'train.txt', 'w', encoding='utf-8') as up:
    for row in train_df.iloc[:].itertuples():
        #print(row.unknownEntities)

        text_lbl = row.text
        entitys = str(row.unknownEntities).split(';')
```

```
        for entity in entitys:
            text_lbl = text_lbl.replace(entity, 'Ë' + (len(entity) - 1) * 'Ж')

        for c1, c2 in zip(row.text, text_lbl):
            if c2 == 'Ë':
                up.write('{0} {1}\n'.format(c1, 'B-ORG'))
            elif c2 == 'Ж':
                up.write('{0} {1}\n'.format(c1, 'I-ORG'))
            else:
                up.write('{0} {1}\n'.format(c1, 'O'))
        up.write('\n')
# 測試集
with codecs.open(data_dir + 'test.txt', 'w', encoding='utf-8') as up:
    for row in test_df.iloc[:].itertuples():

        text_lbl = row.text
        for c1 in text_lbl:
            up.write('{0} {1}\n'.format(c1, 'O'))

        up.write('\n')
```

9.4.4 模型建構

實驗根據圖 9.4 實現了預訓練模型、下游結構與 CRF 模型的模型程式，而下游結構 BiLSTM、R-Transformer 與 IDCNN 等模型結構的具體實現則在 torch_utils. py 檔案中，如圖 9.9 所示，程式如下：

```
#chapter9/model.py

class BertForTokenClassification(BertPreTrainedModel):
    def __init__(self, config, params):
        super().__init__(config)
        self.params = params
        # 實體類別數
        self.num_labels = len(params.tags)
        #NEZHA
        if params.pretrainning_model == 'nezha':
            self.bert = NEZHAModel(config)
        elif params.pretrainning_model == 'albert':
            self.bert = AlbertModel(config)
        else:
            self.bert = RobertaModel(config)

        # 動態權重
        self.classifier = nn.Linear(config.hidden_size, 1)
```

```
self.dense_final = nn.Sequential(nn.Linear(config.hidden_size, config.hidden_size),
                             nn.ReLU(True))  # 動態最後的維度
self.dym_weight =nn.Parameter(torch.ones((config.num_hidden_layers, 1, 1, 1)),
                             requires_grad=True)
self.pool_weight = nn.Parameter(torch.ones((2, 1, 1, 1)),
                             requires_grad=True)
# 下游結構
self.idcnn = IDCNN(config, params, filters=params.filters,
                   tag_size=self.num_labels,
                   Kernel_size=params.kernel_size)
self.bilstm = BiLSTM(self.num_labels, embedding_size=config.hidden_size,
                   hidden_size=params.lstm_hidden,
                   num_layers=params.num_layers,
                   DropOut=params.drop_prob, with_ln=True)
self.tener = TENER(tag_size=self.num_labels,
                   embed_size=config.hidden_size, DropOut=params.drop_prob,
                   num_layers=params.num_layers, d_model=params.tener_hs,
                   n_head=params.num_heads)
self.rtransformer=RTransformer(tag_size=self.num_labels,
                   DropOut=params.drop_prob, d_model=config.hidden_size,
                   ksize=params.k_size, h=params.rtrans_heads)
self.base_output = nn.Linear(config.hidden_size, self.num_labels)
#CRF
self.crf = CRFLayer(self.num_labels, params)
if params.pretrainning_model == 'nezha':
    self.apply(self.init_bert_weights)
else:
    self.init_weights()
    self.reset_params()

def forward(
        self,
        input_ids=None,
        attention_mask=None,
        token_type_ids=None,
        labels=None,
):
    # 預訓練模型
    #NEZHA
    if config.pretrainning_model == 'nezha':
        encoded_layers, pooled_output = self.bert(
            input_ids,
            attention_mask=attention_mask,
            token_type_ids=token_type_ids,
            output_all_encoded_layers=True
        ) #encoded_layers, pooled_output
        sequence_output = encoded_layers[-1]
    else:
```

```
        sequence_output, pooled_output, encoded_layers = self.bert(
            input_ids,
            attention_mask=attention_mask,
            token_type_ids=token_type_ids,
        )
        if not config.use_origin_bert:
            sequence_output = self.get_weight_layer(encoded_layers)

        # 下游結構
        if self.params.mid_struct == 'bilstm':
            feats = self.bilstm.get_lstm_features (sequence_output.transpose(1,
0), attention_mask.transpose(1, 0))
        elif self.params.mid_struct == 'idcnn':
            feats = self.idcnn(sequence_output).transpose(1, 0)
        elif self.params.mid_struct == 'tener':
            feats = self.tener(sequence_output,attention_mask).transpose(1, 0)
        elif self.params.mid_struct == 'rtransformer':
            feats = self.rtransformer(sequence_output, attention_mask).transpose(1, 0)
        elif self.params.mid_struct == 'base':
            feats = self.base_output(sequence_output).transpose(1, 0)
        else:
            raise KeyError('mid_struct must in [bilstm idcnn tener rtransformer]')
        #CRF
        if labels is not None:
            # 計算 loss
            forward_score = self.crf(feats, attention_mask.transpose(1, 0))
            gold_score = self.crf.score_sentence(feats, labels.transpose(1,
0),attention_mask.transpose(1, 0))
            loss = (forward_score - gold_score).mean()
            return loss
        else:
            # 維特比演算法
            best_paths = self.crf.viterbi_decode(feats, attention_mask.
transpose(1, 0))
            return best_paths
```

9.4.5　資料迭代器

　　與文字分類一樣，模型在訓練與預測過程中需要輸入資料，資料迭代器將 BIO 資料集轉換成一批批資料登錄模型進行預測或訓練，程式如下：

```
#chapter9/utils.py
    # 資料迭代器核心程式

    def __iter__(self):
        return self
```

```python
def convert_single_example(self, example_idx):
    text_list = self.data[example_idx].text.split(" ")
    label_list = self.data[example_idx].label.split(" ")
    tokens = text_list
    labels = label_list

    #seq_length=128，則最多有 126 個字元
    #cls 文字 sep
    if len(tokens) = self.seq_length - 1:
        tokens = tokens[:(self.seq_length - 2)]
        labels = labels[:(self.seq_length - 2)]
    ntokens = []
    segment_ids = []
    label_ids = []

    ntokens.append('[CLS]')
    segment_ids.append(0)
    label_ids.append(self.label_map['[CLS]'])
    for index, token in enumerate(tokens):
        try:  #play + ##ing
            # 全部轉換成小寫，方便 BERT 詞典
            ntokens.append(self.tokenizer.tokenize(token.lower())[0])
        except:
            ntokens.append('[UNK]')
            segment_ids.append(0)
            label_ids.append(self.label_map[labels[index]])

        tokens = ["[CLS]"] + tokens + ["[SEP]"]
        ntokens.append("[SEP]")
        segment_ids.append(0)
        label_ids.append(self.label_map["[SEP]"])

        input_ids = self.tokenizer.convert_tokens_to_ids(ntokens)
        input_mask = [1] * len(input_ids)
        while len(input_ids)  self.seq_length:
            input_ids.append(0)
            input_mask.append(0)
            segment_ids.append(0)
            label_ids.append(self.label_map["[PAD]"])
            ntokens.append("*NULL*")
            tokens.append("*NULL*")
        assert len(input_ids) == self.seq_length
        assert len(input_mask) == self.seq_length
        assert len(segment_ids) == self.seq_length
        assert len(label_ids) == self.seq_length
        assert len(tokens) == self.seq_length
        return input_ids, input_mask, segment_ids, label_ids, tokens
```

```
def __next__(self):
    if self.idx >= self.num_records: # 迭代停止條件
        self.idx = 0
        if not self.is_test:
            self.shuffle()
        raise StopIteration

    input_ids_list = []
    input_mask_list = []
    segment_ids_list = []
    label_ids_list = []
    tokens_list = []

    num_tags = 0
    while num_tags  self.batch_size: # 每次傳回 batch_size 個資料
        idx = self.all_idx[self.idx]
        res = self.convert_single_example(idx)
        if res is None:
            self.idx += 1
            if self.idx >= self.num_records:
                break
            continue
        input_ids, input_mask, segment_ids, label_ids, tokens = res

        # 一個 Batch 的輸入
        input_ids_list.append(input_ids)
        input_mask_list.append(input_mask)
        segment_ids_list.append(segment_ids)
        label_ids_list.append(label_ids)
        tokens_list.append(tokens)

        if self.pretrainning_model:
            num_tags += 1

        self.idx += 1
        if self.idx >= self.num_records:
            break

    while len(input_ids_list)  self.batch_size:
        input_ids_list.append(input_ids_list[0])
        input_mask_list.append(input_mask_list[0])
        segment_ids_list.append(segment_ids_list[0])
        label_ids_list.append(label_ids_list[0])
        tokens_list.append(tokens_list[0])

    return input_ids_list, input_mask_list, segment_ids_list, label_ids_list,
tokens_list
```

9.4.6 模型訓練

深度學習模型的訓練過程都是梯度下降的過程，因此模型的輸入和輸出不一樣，NER 模型的輸入為圖 9.2 所示的格式，輸出是 CRF 模型計算出來的損失整體。驗證過程則是 set_test() 函式對模型預測出來的 BIO 格式資料與真實 BIO 格式資料進行的精確率、召回率與 F1 分數評估。模型在迭代過程中以每次評估出來的精確率、召回率與 F1 分數命名所儲存的模型，程式如下：

```python
#chapter9/train_fine_tune.py
def train(train_iter, test_iter, config):
    …
    # 核心程式
    for i in range(config.train_epoch):
        model.train()
        for input_ids_list, input_mask_list, segment_ids_list, label_ids_list,
tokens_list in tqdm(train_iter):
            # 轉換成張量
            loss = model(input_ids=list2ts2device(input_ids_list),
                        token_type_ids=list2ts2device(segment_ids_list),
                        attention_mask=list2ts2device(input_mask_list),
                        labels=list2ts2device(label_ids_list))
            if n_gpu > 1:
                loss = loss.mean()      #mean() to average on multi-gpu.
            # 梯度累加
            if config.gradient_accumulation_steps > 1:
                loss = loss / config.gradient_accumulation_steps

            if cum_step % 10 == 0:
                draw_step_list.append(cum_step)
                draw_loss_list.append(loss)
                if cum_step % 100 == 0:
                    format_str = 'step {}, loss {:.4f} lr {:.5f}'
                    print(
                        format_str.format(
                            cum_step, loss, config.learning_rate)
                    )
            loss.backward()  # 反向傳播，得到正常的梯度
            if (cum_step + 1) % config.gradient_accumulation_steps == 0:
                # 使用計算的梯度執行更新
                optimizer.step()
                model.zero_grad()
            cum_step += 1
        p, r, f1 = set_test(model, test_iter)
        #lr_scheduler 學習率遞減 step
```

```
        print('dev set : step_{},precision_{}, recall_{}, F1_{}'.format(cum_step,
p, r, f1))

        # 儲存模型
        model_to_save = model.module if hasattr(model, 'module') else model
                                    output_model_file = os.path.join(
                                    os.path.join(out_dir, 'model_{:.4f}_
                                    {:.4f}_{:.4f}_{}.bin'.format(p, r, f1,
                                    str(cum_step))))
        torch.save(model_to_save, output_model_file)
```

9.4.7 模型預測

利用圖 9.9 所示的 predict.py 與 utils.py 檔案對測試集進行預測，實驗首先透過維特比解碼演算法得到 BIO 格式的資料，然後透過規則將 BIO 格式的資料轉換成具體的文字實體，最終完成命名實體辨識任務，程式如下：

```
#chapter9/predict.py
def end_of_chunk(prev_tag, tag, prev_type, type_):
    chunk_end = False
    if prev_tag == 'E': chunk_end = True
    if prev_tag == 'S': chunk_end = True

    if prev_tag == 'B' and tag == 'B': chunk_end = True
    if prev_tag == 'B' and tag == 'S': chunk_end = True
    if prev_tag == 'B' and tag == 'O': chunk_end = True
    if prev_tag == 'I' and tag == 'B': chunk_end = True
    if prev_tag == 'I' and tag == 'S': chunk_end = True
    if prev_tag == 'I' and tag == 'O': chunk_end = True

    if prev_tag != 'O' and prev_tag != '.' and prev_type != type_:
        chunk_end = True

    return chunk_end

def start_of_chunk(prev_tag, tag, prev_type, type_):

    chunk_start = False
    if tag == 'B': chunk_start = True
    if tag == 'S': chunk_start = True
    if prev_tag == 'E' and tag == 'E': chunk_start = True
    if prev_tag == 'E' and tag == 'I': chunk_start = True
    if prev_tag == 'S' and tag == 'E': chunk_start = True
    if prev_tag == 'S' and tag == 'I': chunk_start = True
    if prev_tag == 'O' and tag == 'E': chunk_start = True
    if prev_tag == 'O' and tag == 'I': chunk_start = True
```

```python
        if tag != 'O' and tag != '.' and prev_type != type_:
            chunk_start = True
        return chunk_start

    def extract_entity(pred_tags, tokens_list):
        """
        將 BIO 格式的資料轉為實體
        :param pred_tags:
        :param params:
        :return:
        """
        pred_result=[]
        for idx, line in enumerate(pred_tags):
            # 獲取 BIO-tag
            entities = get_entities(line)
            sample_dict={}
            for entity in entities:
                label_type = entity[0]
                if label_type=='[CLS]' or label_type=='[SEP]':
                    continue
                start_ind = entity[1]
                end_ind = entity[2]
                en = tokens_list[idx][start_ind:end_ind + 1]
                if label_type in sample_dict.keys():
                    sample_dict[label_type].append(''.join(en))
                else:
                    sample_dict[label_type]=[''.join(en)]
            pred_result.append(sample_dict)
        return pred_result

    def get_entities(seq, suffix=False):
        if any(isinstance(s, list) for s in seq):
            seq = [item for sublist in seq for item in sublist + ['O']]

        prev_tag = 'O'
        prev_type = ''
        begin_offset = 0
        chunks = []
        #print(seq)
        for i, chunk in enumerate(seq + ['O']):
            if suffix:
                tag = chunk[-1]
                type_ = chunk.split('-')[0]
            else:
                tag = chunk[0]
                type_ = chunk.split('-')[-1]
```

```
        if end_of_chunk(prev_tag, tag, prev_type, type_):
            chunks.append((prev_type, begin_offset, i - 1))
        if start_of_chunk(prev_tag, tag, prev_type, type_):
            begin_offset = i
        prev_tag = tag
        prev_type = type_
    return chunks


def set_test(test_iter, model_file):
    # 核心程式
    for input_ids_list, input_mask_list, segment_ids_list, label_ids_list, tokens_
list in tqdm(test_iter):
        input_ids = list2ts2device(input_ids_list)
        input_mask = list2ts2device(input_mask_list)
        segment_ids = list2ts2device(segment_ids_list)
        batch_output = model(input_ids=input_ids, token_type_ids=segment_ids,
attention_mask=input_mask)
        # 恢復標籤真實長度
        real_batch_tags = []
        for i in range(config.batch_size):
            real_len = int(input_mask[i].sum())
            real_batch_tags.append(label_ids_list[i][:real_len])
        pred_tags.extend([idx2tag.get(idx) for indices in batch_output for idx in indices])
        true_tags.extend([idx2tag.get(idx) for indices in real_batch_tags for idx in
indices])
        assert len(pred_tags) == len(true_tags), 'len(pred_tags) is not equal to
len(true_tags)!'
        pred = [[idx2tag.get(idx) for idx in indices] for indices in batch_output]
        answer_batch = extract_entity(pred, tokens_list)
        pred_answer.extend(answer_batch)
```

9.5 小結

　　本章介紹了命名實體辨識的定義、發展現狀與重複使用第 7 章自然語言處理
程式框架所完成的命名實體辨識實驗。另外，本章所提及的基於預訓練模型的命
名實體辨識模型下游結構 (如 R-Transformer、IDCNN 等) 能在一定情況下有效提
升 NER 模型的準確性。命名實體辨識技術是自然語言處理領域的基礎技術，掌
握該技術能夠幫助讀者加深對文字推薦、智慧問答與文字摘要等技術的理解與應
用，提高行業的工作效率，實現自然語言處理技術對行業的賦能及價值挖掘。

第 10 章
文字生成

文字生成技術是自然語言處理領域的另一重要技術。應用者可以利用既定資訊與文字生成模型生成滿足特定目標的文字序列。文字生成模型的應用場景豐富，如生成式閱讀理解、人機對話或智慧寫作等。當前深度學習的發展也推動了該項技術的進步，越來越多高可用的文字生成模型誕生，提高各行業效率，服務智慧化社會。

10.1　文字生成的發展現狀

文字生成的技術路線發展與其他 NLP 技術路線類似，均從簡單的規則逐步發展至大型深度神經網路。當然，文字生成顯然難於其他 NLP 技術，因為文字生成技術的預測目標並不在既定的文字中，其需要根據既定文字生成符合目標的文字，而閱讀理解、命名實體辨識等技術則是透過取出既定文字裡的相應文字段達成預測的目標。

10.1.1　文字生成範本

文字生成技術的發展同樣離不開簡單規則的約束。本章所講的規則是預先定義好的範本，每個範本對應一種應用場景。根據應用場景的特性，演算法人員將需要生成的通用性敘述事先規範化 (範本)，然後利用 NLP 技術取出相應的非通用敘述對範本進行插空，從而完成文字生成任務，如圖 10.1 所示，圖中淺灰色的字型是範本，黑色字型則可透過計算漲跌來填充範本中的空缺，從而完成股市新聞的簽發。

開盤，三大股指低開。
收盤，滬指漲 0.21%，深成指漲 0.74%，創業板漲 1.28%。

▲ 圖 10.1　文字生成範本

當然，圖 10.1 只是一個簡單的範本呈現，要生成符合複雜應用場景的文字範本，需要考慮範本中的內容、文字結構、句子語法與閱讀流暢度等，這就需要大量的專業人員去維護每套範本的產生。

10.1.2 變分自編碼器

變分自編碼器 (VAE) 是自編碼器中的一種。常見的自編碼器的網路結構如圖 10.2 所示，最簡單的自編碼器只有 3 層結構，中間的隱藏層才是所需要關注的地方，以隱藏層為界限，左邊為編碼器 (Encoder)， 右邊為解碼器 (Decoder)，所以在訓練過程中，輸入才能在經過編碼後再解碼，還原成原來的模樣。

對傳統機器學習有所了解的讀者應該知道主成分分析 (PCA)，它是用來對資料進行降維的。假如透過一組資料訓練出了自編碼器，然後拆掉自編碼器的解碼器，演算法人員就可以用剩下的編碼器與隱藏層來表徵資料了。隱藏層的神經元數目遠低於輸入層，就相當於用更少的特徵 (神經元) 表徵輸入資料，從而達到資料降維壓縮的目的。

自編碼器學習到的特徵表徵不僅可以用作資料降維，也可以將特徵表徵連線一個簡單的分類器，將抽象的特徵用作文字分類。同樣地，演算法人員可以利用自編碼器所得到的特徵 (這裡也稱隱變數) 對編碼器與解碼器進行改造，從而實現文字生成技術。

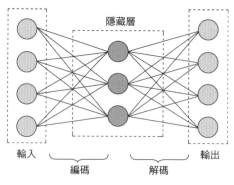

▲ 圖 10.2 自編碼器的網路結構

10.1.3 序列到序列技術

　　雖然序列到序列 (Seq2Seq) 技術與變分自編碼器在文字生成中都利用了編碼器與解碼器，但兩者仍然存在些許不同。變分自編碼的文字生成技術在預測過程中會從隱變數的分佈中進行採樣，在這種方法下，對於同一條文字輸入，模型能夠得到不一樣的文字輸出，而 Seq2Seq 文字生成模型則能保證在預測過程中的文字輸入與輸出是確定的。因此，當前採用 Seq2Seq 結構的文字生成模型更為主流，Seq2Seq 的優點是能夠處理變長文字，常見的 Seq2Seq 結構首先利用編碼器將輸入序列映射成固定的中間序列 h_4，然後解碼器再對中間序列 h_4 進行解碼，如圖 10.3 所示。

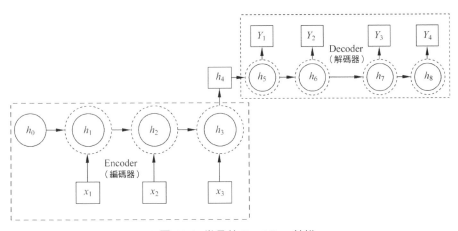

▲圖 10.3 常見的 Seq2Seq 結構

　　然而，圖 10.3 所示的 Seq2Seq 結構存在一定缺陷，因為編碼器將文字統一映射成了固定的中間序列，這讓文字中每個詞語在固定的中間序列的資訊 (貢獻量) 是一致的。顯然，一句話的中心往往由文字中的幾個詞來表徵，故而固定的中間序列資訊對後續的解碼產生了一定的影響，因此誕生了基於注意力機制的 Seq2Seq 模型，如圖 10.4 所示。注意力機制下的 Seq2Seq 模型的輸入中間序列不是固定的，而是經過編碼器轉換的中間語義 C。

China
is
beautiful
Y_1
Y_2
Y_3
h_0
h_1
h_2
h_3
C_1
C_2
C_3

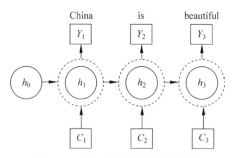

▲圖 10.4 注意力模型 (解碼器部分)

而這些輸入 C 也各不相同，每個 C 都由權重 w 和解碼器的隱藏層輸出 h 加權組成，如圖 10.5 所示。在解碼器部分，中間語義 C_1、C_2 和 C_3 之間的權值表徵是不同的，這也是所講的注意力機制。

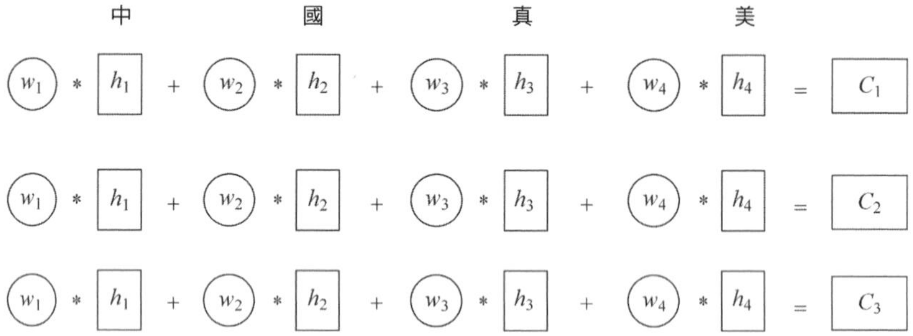

中
國
真
美
$w_1 * h_1 + w_2 * h_2 + w_3 * h_3 + w_4 * h_4 = C_1$
$w_1 * h_1 + w_2 * h_2 + w_3 * h_3 + w_4 * h_4 = C_2$
$w_1 * h_1 + w_2 * h_2 + w_3 * h_3 + w_4 * h_4 = C_3$

▲圖 10.5 中間語義轉換示意圖

換言之，隨著訓練過程的進行，重點一直在變化，而這些變化則由圖 10.5 所示的權重 w 表示，當訓練停止時，權重值也就確定下來了，此時的權重值是最擬合當前訓練資料的。例如 C_1 的重點在「中」這個字，中間語義可以表示為 $C_1=0.6h_1+0.2h_2+0.1h_3+0.1h_4$(權值可以看成機率，所有權值加起來為 1)，因此中間語義的轉換公式如式 (10.1) 所示。其中，n 為輸入序列的長度。

$$C_i = \sum_j^n w_{ij} h_i \tag{10.1}$$

此時，唯一要解決的是如何去求中間語義 C 的權值 w 表徵。這就涉及注意力模型的編碼器部分，如圖 10.6 所示。F 函式和 Softmax 函式可以視為要計算當前的 h_i 與全部 h(包括 h_i) 之間的差別，從而計算出在 i 時刻下，每個 h 對應的權

值 (機率)。換言之，讀者可以將圖 10.6 看成分類問題，與 h_i 越相近，輸出的機率也就越大。

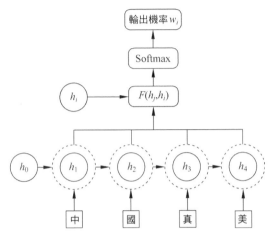

▲ 圖 10.6 注意力模型 (編碼器部分)

10.2 基於預訓練模型的文字生成模型

Seq2Seq 模型需要預訓練模型的語義表徵作為輸入，而當前類 BERT 預訓練模型發展迅猛。Li 等提出的 UniLM 模型[1] 則是將 Seq2Seq 與 BERT 模型結合起來。UniLM 能夠在不改變以往 BERT 模型微調的方式進行文字生成任務，使 BERT 模型在自然語言生成 (NLG) 任務與自然語言理解 (NLU) 任務中實現統一。

為了統一 NLG 與 NLU 兩種任務，UniLM 模型使用了 3 種目標函式進行預訓練：雙向語言模型、單向語言模型和序列到序列語言模型，模型框架如圖 10.7 所示。3 種不同目標函式的語言模型共用同一個 Transformer 網路，而這 3 種目標函式則透過自注意力掩蓋矩陣 (Self-Attention Mask) 實現。

(1) 雙向語言模型：與 BERT 模型一致，在預測被掩蓋的字元 Token 時，可以觀察到所有的字元 Token。

(2) 單向語言模型：此模型分為從左到右掩蓋策略與從右到左掩蓋策略。從左到右方向的掩蓋策略是透過被掩蓋的字元 Token 的左側文字預測被掩蓋的字元 Token；從右到左方向的掩蓋策略則與前者相反。

(3) 序列到序列語言模型：如果被掩蓋的字元 Token 在第 1 個文字序列中，

則僅可以使用第 1 個文字序列中的所有字元 Token，而不能使用第 2 個文字序列的任何資訊；如果被掩蓋的字元 Token 在第 2 個文字序列中，則可以使用第 1 個文字序列中的所有字元 Token 和第 2 個文字序列中被掩蓋的字元 Token 的左側文字序列來預測被掩蓋的字元 Token。

在模型預訓練過程中，三分之一的資料用於雙向語言模型，三分之一的資料用於單向語言模型，三分之一的資料用於序列到序列語言模型。實驗證明，3 種不同的掩蓋策略能夠讓模型在預訓練過程中學習 NLU 與 NLG 任務的資訊。UniLM 模型的微調與 BERT 模型的微調沒有區別，可以使用 BERT 模型程式直接載入開放原始碼的 UniLM 模型進行微調。

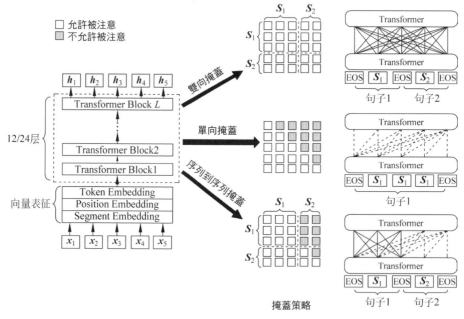

▲ 圖 10.7 UniLM 模型結構

10.3 文字生成任務實踐

10.2 節介紹的 UniLM 模型需要利用大量的無監督語料資料進行預訓練，最終得到可用的模型。受限於預訓練所需的硬體裝置，本節將對利用 UniLM 模型的序列到序列掩蓋策略與預訓練模型進行結合，直接構造下游任務進行微調，這樣可以省去預訓練的過程，而且還能沿用第 7 章的程式框架結構，達到程式重複使用且文字生成性能優良的效果。

預訓練模型，如 BERT 模型本身就經過了大量無監督語料的預訓練，其已經具備很好的語義表徵能力，在 NLU 任務上表現出色。為了在 NLG 任務上表現優良，文字生成模型可以利用預訓練模型強大的表徵能力，再配以相應的下游結構進行微調，這樣就能學習到 NLG 任務的資訊，無須耗費過高的時空成本進行預訓練學習。

UniLM 模型應用的 3 種預訓練掩蓋策略中，序列到序列的掩蓋策略對文字生成任務造成較大的作用。在其他參數與正常使用預訓練模型參數一致的前提下，序列到序列的掩蓋策略只需修改輸入到預訓練模型的自注意力掩蓋矩陣就能直接使用預訓練模型的權重，修改成本低，但能有效地保證文字生成任務的準確性。

文字生成任務可以簡單理解為模型根據輸入句子 A 的語義資訊，輸出符合既定目標的句子 B。序列到序列的網路結構是透過句子 A 的語義資訊，逐字迭代出句子 B 的每個字，因此，透過修改自注意力掩蓋矩陣，首先保證句子 A 中的每個字元 Token 能夠互相觀看到句子 A 中的所有字元 Token，這樣就能滿足自注意力機制；其次在自注意力掩蓋矩陣中，保證句子 B 的每個字元 Token 只能從左往右地被查看，這樣就能保證序列到序列的策略有效。

由圖 10.8 可知，「[CLS] 你是哪國人 [SEP]」可以看成句子 A，「中國人 [SEP]」可以看成句子 B。句子 A 對應的掩蓋矩陣是全 1 矩陣，也就是句子 A 中的每個字元 Token 在訓練過程中都能互相看到對方的資訊，而句子 B 則對應一個下三角為 1 的矩陣，這樣能保證句子 B 從左往右的每個字元 Token 在訓練過程中只能看到左邊序列的資訊，也就是「國」字元 Token 只能看到它之前的字元 Token，但看不到「人」與 [SEP] 字元 Token，從而保證模型擁有序列到序列的能力。其中，自注意力矩陣中的 0 代表模型無須關注的資訊，在計算自注意力時會被自動忽略，這也包含用來保證模型輸入長度一致的補充字元 Token[PAD]，其在自注意力掩蓋矩陣中同樣用 0 表示。

另外，讀者也可以從圖 10.8 中看到行為「[CLS] 你是哪國人 [SEP] 中國人」，列為「你是哪國人 [SEP] 中國人 [SEP]」，掩蓋矩陣同時也透過字元 Token 的錯位來保證模型有使用序列到序列的能力，因此這兩句話分別組成了文字生成模型的輸入與輸出，模型結構如圖 10.9 所示。

	[CLS]	你	是	哪	國	人	[SEP]	中	國	人
你	1	1	1	1	1	1	1	0	0	0
是	1	1	1	1	1	1	1	0	0	0
哪	1	1	1	1	1	1	1	0	0	0
國	1	1	1	1	1	1	1	0	0	0
人	1	1	1	1	1	1	1	0	0	0
[SEP]	1	1	1	1	1	1	1	0	0	0
中	1	1	1	1	1	1	1	0	0	0
國	1	1	1	1	1	1	1	1	0	0
人	1	1	1	1	1	1	1	1	1	0
[SEP]	1	1	1	1	1	1	1	1	1	1

▲圖 10.8 序列到序列的自注意力掩蓋矩陣

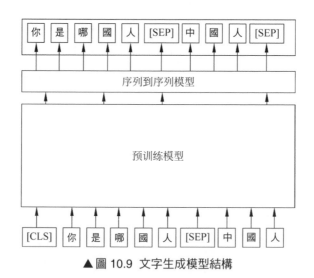

▲圖 10.9 文字生成模型結構

　　因此，在建構完自注意力矩陣後，演算法將該矩陣與其他參數輸入預訓練模型中，獲得預訓練模型的語義表徵，並將這個語義表徵輸入序列到序列下游結構中進行迭代訓練，從而得到一個文字生成模型。

10.3.1 資料介紹

　　本節採用阿里天池的中醫藥文字生成資料集，每筆資料由一個文字段 (Text) 與多組問答對 (Q&A) 組成。文字生成的任務是根據文字段與答案 (A)，生成對應

的問題 (Q)。根據本節所介紹的模型原理，演算法可以將輸入資料構造成 [CLS]
Text [SEP] A [SEP] Q，輸出資料構造成 Text [SEP] A [SEP] Q [SEP]，透過預訓練
模型與序列到序列模型構造的模型進行逐字遞迴預測，從而完成文字生成任務。

10.3.2 評估指標

　　ROUGE(Recall-Oriented Understudy for Gisting Evaluation) 是一組評估自動文
摘及機器翻譯的指標。它透過對模型生成的預測文字段與真實文字段進行比較計
算，得出相應的分值，用以衡量自動生成的摘要或翻譯與參考摘要之間的「相似
度」，從而評估當前文字生成模型的性能。本節採用的 ROUGE-L 評估指標中的
L 為最長公共子序列 (Longest Common Subsequence，LCS)，如式 (10.2)~(10.4) 所
示。其中，LCS(X,Y) 代表兩個文字段的最長公共子序列，m 與 n 分別代表真實文
字段與預測文字段的長度 (所含詞的個數)，R_{LCS} 與 P_{LCS} 分別代表召回率與精確率，
F_{LCS} 則為 ROUGE-L，β 為 ROUGE-L 的調和超參數，控制 ROUGE-L 的關注傾向，
若 β 很大，則只關注 R_{LCS}，反之則只關注 P_{LCS}。

$$R_{\mathrm{LCS}} = \frac{\mathrm{LCS}(X,Y)}{m} \tag{10.2}$$

$$P_{\mathrm{LCS}} = \frac{\mathrm{LCS}(X,Y)}{n} \tag{10.3}$$

$$F_{\mathrm{LCS}} = \frac{(1+\beta^2)R_{\mathrm{LCS}}P_{\mathrm{LCS}}}{R_{\mathrm{LCS}} + \beta^2 P_{\mathrm{LCS}}} \tag{10.4}$$

10.3.3 模型建構

　　根據圖 10.8 與圖 10.9，本節分別建構自注意力掩蓋矩陣與基於預訓練模型的
文字生成模型。config.py 檔案用於存放與文字生成相關的重要超參數，程式如下：

```
#chapter10/config.py
class Config(object):
    def __init__(self):
        # 儲存模型和讀取資料參數
        self.source_train_dir = '/home/wangzhili/chile/Seq2Seq/data/'
        self.source_test_dir = '/home/wangzhili/test/'
```

```
        self.processed_data = '/home/wangzhili/chile/Seq2Seq/data/'
        self.device = torch.device('CUDA' if torch.CUDA.is_available() else 'cpu')
        self.warmup_proportion = 0.05
        self.use_bert = True
        self.pretrainning_model = 'nezha'
        self.pre_model_type = self.pretrainning_model
        self.decay_rate = 0.5
        self.decay_step = 5000
        self.num_checkpoints = 5

        self.train_epoch = 20
        self.sequence_length = 256

        self.learning_rate = 1e-4
        self.embed_learning_rate = 5e-5
        self.batch_size = 24

        if self.pretrainning_model == 'nezha':
            model = '/home/wangzhili/nezha_base/'
        elif self.pretrainning_model == 'roberta':
            model = '/home/wangzhili/roberta_base/'
        else:
            model = '/home/wangzhili/electra_base/'

        self.model_path = model
        self.bert_config_file = model + 'bert_config.json'
        self.bert_file = model + 'PyTorch_model.bin'
        self.continue_training = False
        # 解碼參數
        self.train_batch_size = 24
        self.val_batch_size = 1
        self.test_batch_size = 1
        self.beam_size = 5
        self.tgt_seq_len = 30
```

model.py 檔案的 forward() 函式為建構自注意力掩蓋矩陣與模型的核心程式，程式如下：

```
#chapter10/model.py
class BertSeq2SeqModel(BertPreTrainedModel):
    def __init__(self, config, params):
        super().__init__(config)
        self.pre_model_type = params.pre_model_type
        if self.pre_model_type.lower() == 'nezha':
            self.bert = NEZHAModel(config)
        elif self.pre_model_type.lower() == 'roberta':
```

```
        self.bert = BertModel(config)
    else:
        raise ValueError('Pre-train Model type must be NEZHA or RoBERTa!')
    #Seq2Seq decoder( 共用預訓練模型的權重 )
    self.decoder = BertLMPredictionHead(config, self.bert.embeddings.word_
embeddings.weight)

    # 動態權重
    self.fusion_layers = params.fusion_layers
    self.dym_weight = nn.Parameter(torch.ones((self.fusion_layers, 1, 1, 1)),
requires_grad=True)
    self.vocab_size = config.vocab_size
    self.reset_params()

def reset_params(self):
    # 初始權重
    self.init_weights()
    nn.init.xavier_normal_(self.dym_weight)

def compute_loss(self, predictions, labels, target_mask):
    """
    計算 loss
    Args:
        target_mask: 句子 A 部分和 pad 部分全為 0，句子 B 部分全為 1
    """
    predictions = predictions.view(-1, self.vocab_size)
    labels = labels.view(-1)
    target_mask = target_mask.view(-1).float()
    loss_func = nn.CrossEntropyLoss(ignore_index=0, reduction="none")
    loss = (loss_func(predictions, labels) * target_mask).sum() / target_mask.sum()
    return loss

def forward(
        self,
        input_ids=None,
        attention_mask=None,
        token_type_ids=None,
        labels=None,):
    bs, seq_len = input_ids.size()
    # 構造注意力掩蓋
    sum_idxs = torch.cumsum(token_type_ids, dim=1)
    att_mask = (sum_idxs[:, None, :] = sum_idxs[:, :, None]).float()
    # 將 [PAD] 部分的注意力掩蓋掉
    c_index = torch.argmax(token_type_ids, dim=1)
    tmp = token_type_ids.clone().detach()
    for r_i, c_i in enumerate(c_index):
        tmp[r_i, :c_i] = 1 # 句子 A 也標 1
    #(bs, seq_len, seq_len)
```

```
        tmp1 = tmp.unsqueeze(-1).repeat(1, 1, seq_len)
        tmp2 = tmp.unsqueeze(1).repeat(1, seq_len, 1)
        att_mask *= tmp1 * tmp2 #(bs, seq_len, seq_len)

        # 預訓練模型
        outputs = self.bert(
            input_ids,
            attention_mask=att_mask,
            token_type_ids=token_type_ids,
            output_hidden_states=True)

        # 動態權重 BERT
        sequence_output = self.get_dym_layer(outputs)
        # 解碼器
        #(bs, seq_len, vocab_size)
        predictions = self.decoder(sequence_output)

        if labels is not None:
            # 計算 loss
            # 需要將句子 A 的 loss 掩蓋掉
            #(bs, seq_len, vocab_size)
            predictions = predictions[:, :].contiguous()
            #(bs, seq_len+1)
            token_type_ids = torch.cat([token_type_ids.float(), torch.ones(bs, 1,
device=token_type_ids.device)], dim=1)
            loss_mask = token_type_ids[:, 1:].contiguous()
            loss = self.compute_loss(predictions, labels, loss_mask)
            return predictions, loss
        else:
            # 只取最後一個 Token 的分數（自回歸），因為每次只能預測最後一個 Token
            #(bs, vocab_size)
            scores = torch.log_Softmax(predictions[:, -1], dim=-1)
            return scores
```

10.3.4 資料迭代器

根據圖 10.9，文字生成的資料迭代器會生成輸入文字和輸出文字，並將其輸入模型迭代。utils.py 檔案的 convert_single_example() 函式為資料迭代器的核心程式，程式如下：

```
#chapter10/model.py
class DataIterator:

    def __init__(self, batch_size, data_file, tokenizer, use_bert=False, seq_
length=100, is_test=False, task='iflytek'):
```

```
        self.data_file = data_file
        self.data = get_examples(data_file)
        self.batch_size = batch_size
        self.use_bert = use_bert
        self.seq_length = seq_length
        self.num_records = len(self.data)
        self.all_tags = []
        self.idx = 0                                    # 資料索引
        self.all_idx = list(range(self.num_records))    # 全體資料索引
        self.is_test = is_test
        self.task=task
        if not self.is_test:
            self.shuffle()
        self.tokenizer = tokenizer
        print(self.num_records)

def convert_single_example(self, example_idx):
    # 如果 tokenizer 傳回為空，則設為 [UNK]
    example = self.data[example_idx]
    # 構造 tokens
    # 加入 text
    text_tokens = ['[CLS]']
    tag_tokens = []
    for token in example.text:
        if len(self.tokenizer.tokenize(token)) == 1:
        if token == '✂':
            text_tokens.append('[SEP]')
        else:
            text_tokens.append(self.tokenizer.tokenize(token)[0])
        else:
            text_tokens.append('[UNK]')
    # 加入輸出文字
    for token in example.tag + ['[SEP]']:
        if len(self.tokenizer.tokenize(token)) == 1:
            tag_tokens.append(self.tokenizer.tokenize(token)[0])
        else:
            tag_tokens.append('[UNK]')
    # 過長文字剪貼
    if len(text_tokens + ['[SEP]'] + tag_tokens) > self.seq_length:
        cut_len = len(text_tokens + tag_tokens) + 1 - self.seq_length
        text_tokens = text_tokens[:-cut_len]
    #[CLS] A A A [SEP] B B B [SEP]
    input_tokens = text_tokens + ['[SEP]'] + tag_tokens
    token_type_ids = [0] * (len(text_tokens) + 1)
    token_type_ids.extend([1] * len(tag_tokens))    #[SEP] 也融入預測

    # 輸入文字：[CLS] A A A [SEP] B B B
```

```
input_ids = self.tokenizer.convert_tokens_to_ids(input_tokens[:-1])

# 輸出文字：A A A [SEP] B B B [SEP]
tag_ids = self.tokenizer.convert_tokens_to_ids(input_tokens[1:])
assert len(input_ids) == len(tag_ids)
# 補 0
if len(input_ids) < self.seq_length:
    pad_len = self.seq_length - len(input_ids)
    input_ids += [0] * pad_len
    tag_ids += [0] * pad_len
    token_type_ids += [0] * (pad_len - 1)
assert len(input_ids) == len(token_type_ids)
return input_ids, token_type_ids, tag_ids
```

10.3.5 模型訓練

相較於前面章節的實踐，文字生成任務的學習難度較高，而且模型採用逐字遞迴預測的策略，該策略無法在圖形處理器 (GPU) 中並行運算，故而預測時間較長，因此，在模型訓練與驗證過程中，本節選擇每迭代 n 次才進行 1 次模型性能評估，保證模型訓練時長。n 為人工設置的超參數，本節設 n 為 4。與此同時，train_fine_tune.py 檔案中也設置了多個 GPU 並行訓練，只需從第 41 行程式 n_gpu = torch.CUDA.device_count() 開始更新，程式如下：

```
#chapter10/train_fine_tune.py
def train(train_iter, test_iter, config):
...
# 核心程式
    for i in range(config.train_epoch):
        model.train()
        for batch in tqdm(train_iter):
            # 轉換成張量
            batch = tuple(t.to(config.device) for t in batch)
            input_ids_list, segment_ids_list, label_ids_list = batch
            _,loss = model(input_ids=input_ids_list, token_type_ids=segment_ids_
list, labels=label_ids_list)
            if n_gpu > 1:
                loss = loss.mean()              # 多卡 loss 求平均
            # 梯度累加
            if config.gradient_accumulation_steps > 1:
                loss = loss / config.gradient_accumulation_steps

            if cum_step % 100 == 0:
                format_str = 'step {}, loss {:.4f} lr {:.5f}'
                print(
```

```
                    format_str.format(
                        cum_step, loss.item(), config.learning_rate)
                )
            if config.flooding:
                # 讓 loss 趨於某個值收斂
                loss = (loss - config.flooding).abs() + config.flooding

            loss.backward()                            # 反向傳播，得到正常的梯度

            if (cum_step + 1) % config.gradient_accumulation_steps == 0:
                # 使用計算的梯度執行更新
                optimizer.step()
                model.zero_grad()
            cum_step += 1
        if i != 0 and i % 4 == 0:                      # 迭代 4 次，驗證一次
            val_metrics = set_test(model, test_iter)
            f1 = val_metrics['rouge-l']['f']
    #lr_scheduler 學習率遞減 step

            print('dev set : step_{},F1_{}'.format(cum_step, f1))
            if f1> best_acc:
                # 儲存訓練模型
                best_acc = f1
                model_to_save = model.module if hasattr(model, 'module') else model
                output_model_file = os.path.join(
                os.path.join(out_dir, 'model_{:.4f}_{}'.format(f1, str(cum_step))))
            torch.save(model_to_save, output_model_file)

def set_test(model, test_iter):
    for batch in tqdm(test_iter):
        #to device
        batch = tuple(t.to(config.device) for t in batch)
        input_ids_list, segment_ids_list, labels = batch

        #inference
        with torch.no_grad():
            #inference
            # 構造 predict 時的輸入
            input_sep_index = torch.nonzero((input_ids_list == config.sep_id), as_
tuple=True)[-1][-1]
            input_ids_list = input_ids_list[:, :input_sep_index + 1]
            segment_ids_list = segment_ids_list[:, :input_sep_index + 1]
            batch_output = beam_search(config, model, input_ids_list, segment_ids_list,
                                    beam_size=config.beam_size,
                                    tgt_seq_len=config.tgt_seq_len)

    # 獲取有效 label
```

```
start_sep_id = torch.nonzero((labels == config.sep_id), as_tuple=True)[-1][-2]
end_sep_id = torch.nonzero((labels == config.sep_id), as_tuple=True)[-1][-1]
labels = labels.view(-1).to('cpu').NumPy().tolist()
labels = labels[start_sep_id + 1:end_sep_id + 1]
batch_output = batch_output.view(-1).to('cpu').NumPy().tolist()

ground_truth.append(' '.join([idx2word.get(indices) for indices in labels]))
pred.append(' '.join([idx2word.get(indices) for indices in batch_output]))
print('true_text:', ''.join([idx2word.get(indices) for indices in labels]))
print('pred_text:', ''.join([idx2word.get(indices) for indices in batch_output]))

# 計算 ROUGE 評估分數
rouge_dict = rouge.get_scores(pred, ground_truth, avg=True)
metrics = {
    'rouge-1': rouge_dict['rouge-1'],
    'rouge-2': rouge_dict['rouge-2'],
    'rouge-l': rouge_dict['rouge-l']
}
```

10.3.6 模型預測

模型的預測與驗證一樣，都需要使用集束搜尋 (Beam Search) 演算法對模型的輸出機率進行逐字遞迴解碼預測。讀者可以將這個過程理解為時序過程，也就是每生成一個字元 Token 就需要當前所得到的文字段輸入模型中進行預測，每個生成的字元 Token 都與前者有關係。

在集束搜尋之前，有人使用貪心演算法進行解碼，如圖 10.10 所示。這個演算法的好處是將模型解碼的指數等級複雜度降到了線性等級複雜度，因為每次預測字元 Token，只需取最大的機率作為當前的最佳解，但所得到的序列無法保證是最佳解。

而集束搜尋是貪心演算法的改進，也就是讓貪心演算法每次預測不一定取最佳秀的那個解，可以設置超參數多保留幾個解，並累加每次預測的每個解的得分 (機率值)，最終根據解的得分傳回當前分數最高的序列作為最終序列，如圖 10.11 所示，可以設置每次預測保留兩個最佳解。在規定步數的情況下，實驗每次對兩路分支的所有候選物件進行比較，輸出兩個最佳解，最終在達到規定的步數或遇到結束標識符號 [SEP] 時結束解碼，並輸出當前分數最高的序列。

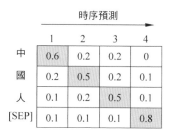

▲ 圖 10.10 貪心解碼

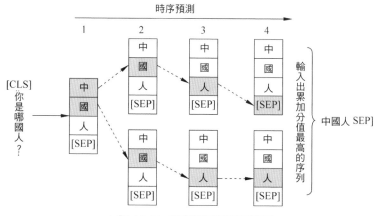

▲ 圖 10.11 集束搜尋解碼示意圖

程式如下：

```
#chapter10/predict.py
def beam_search(params, model, ori_token_ids, ori_token_type_ids, beam_size=1,
tgt_seq_len=30):
    """
        ori_token_ids: input ids. (1, src_seq_len)
        ori_token_type_ids: (1, src_seq_len)
        beam_size: size of beam search.
        tgt_seq_len: 生成序列最大長度
    Returns:
        output_ids: ([tgt_seq_len],)
    """
    device = params.device
    sep_id = params.sep_id

    #(beam_size, 0) 用來儲存輸出序列
    output_ids = torch.empty((beam_size, 0), dtype=torch.long, device=device)
    #(beam_size, 1) 用來儲存累計得分
```

```
output_scores = torch.zeros((beam_size, 1), device=device)
#(beam_size, bs * src_seq_len) 表示重複 beam_size 次
ori_token_ids = ori_token_ids.view(1, -1).repeat(beam_size, 1)
ori_token_type_ids = ori_token_type_ids.view(1, -1).repeat(beam_size, 1)

with torch.no_grad():
    for step in range(tgt_seq_len):
        # 第一次迭代
        if step == 0:
            input_ids = ori_token_ids
            token_type_ids = ori_token_type_ids

        #(beam_size, vocab_size)
        scores = model(input_ids, token_type_ids=token_type_ids)
        _, vocab_size = scores.size()

        #(beam_size, vocab_size) 用來累計得分
        output_scores = output_scores.view(-1, 1) + scores
        # 確定 topk 的 beam，並獲得它們的索引
            hype_score, hype_pos = torch.topk(output_scores.view(-1), beam_size)
        # 行索引
        row_id = (hype_pos //vocab_size)
        # 列索引
        column_id = (hype_pos % vocab_size).long().reshape(-1, 1)

        # 本次迭代的得分和輸出
        # 更新得分
        output_scores = hype_score

        #(beam_size, [tgt_seq_len])
        output_ids = torch.cat([output_ids[row_id], column_id], dim=1).long()

        # 下一次迭代的 input 和 token type
        #(beam_size, src_seq_len + [tgt_seq_len])
        input_ids = torch.cat([ori_token_ids, output_ids], dim=1)
        #(beam_size, src_seq_len + [tgt_seq_len])
        token_type_ids = torch.cat([ori_token_type_ids, torch.ones_like(output_
ids)], dim=1)

        # 統計每個 beam 出現的 end 標記
        end_counts = (output_ids == sep_id).sum(dim=1)
        # 最高得分的 beam 位置
        best_one = output_scores.argmax()
        # 該 beam 已完成且累計得分最高，直接傳回
        if end_counts[best_one] == 1:
            return output_ids[best_one]
```

```
                    # 將已完成但得分低的 beam 移除
                    else:
                        # 標記未完成的序列
                        flag = (end_counts 1)
                        # 只要有未完成的序列就為 True
                        #flag 矩陣中，False 代表繼續迭代，True 代表已經完成
                        if not flag.all():
                            ori_token_ids = ori_token_ids[flag]
                            ori_token_type_ids = ori_token_type_ids[flag]
                            input_ids = input_ids[flag]
                            token_type_ids = token_type_ids[flag]
                            output_ids = output_ids[flag]
                            output_scores = output_scores[flag]
                            beam_size = flag.sum() #beam_size 相應變化
            # 如果迴圈結束未完成，則傳回得分最高的 beam
            return output_ids[output_scores.argmax()]


def predict(test_iter, model_file):
    model = torch.load(model_file)
    device = config.device
    model.to(device)
    logger.info("***** Running Prediction *****")
    logger.info("  Predict Path = %s", model_file)
    idx2word = tokenizer.ids_to_tokens
    model.eval()
    pred = []
    for input_ids_list, segment_ids_list, label_ids_list, seq_length in tqdm(test_
iter):
        input_ids, labels, token_type_ids = list2ts2device(input_ids_list),
                    list2ts2device(label_ids_list), list2ts2device(token_type_ids)
        # 預測
        with torch.no_grad():
            # 構造 predict 時的輸入
            input_sep_index = torch.nonzero((input_ids == config.sep_id), as_
tuple=True)[-1][-1]
            input_ids = input_ids[:, :input_sep_index + 1]
            token_type_ids = token_type_ids[:, :input_sep_index + 1]
            batch_output = beam_search(config, model, input_ids, token_type_ids,
                            beam_size=config.beam_size,
                            tgt_seq_len=config.tgt_seq_len)

        batch_output = batch_output.view(-1).to('cpu').NumPy().tolist()
        pred.append(''.join([idx2word.get(indices) for indices in batch_output]))
```

10.4 小結

本章系統地介紹了文字生成技術的發展現狀及基於第 7 章的程式框架相容了文字生成實踐,然而,本章的介紹只是有著抛磚引玉的作用,當前文字生成技術仍然有很大的提升空間。

(1) 規則角度:先預測關鍵字,然後根據生成的關鍵字補全整個句子。

(2) 資料角度:收集更多的高品質語料,或利用回譯等手段做資料增強等。

(3) 模型的角度:改造 Seq2Seq 模型結構,以促使多樣化表達等。

(4) 損失函式角度:採用了最大相互資訊作為目標損失函式等。

(5) 解碼演算法角度:對 Beam Search 演算法每個時間步的條件機率增加多樣性約束等。

文字生成技術未來的發展方向應該聚焦於生成可控、品質優良、語義一致、句式通順等方向,因此,文字生成技術的發展仍然需要更加長足的研究與探索。

第 11 章
損失函式與模型瘦身

　　在任何深度學習專案中，配置損失函式都是確保模型以預期方式工作的最重要步驟之一。損失函式可以為神經網路提供實用的靈活性，它定義了網路輸出與網路其餘部分的連接方式，也決定著模型設計各項參數的收斂速度，甚至在特殊的資料分佈下，如樣本不均衡的長尾分佈，訓練樣本少的冷開機問題，以及資料集中髒、亂、差的帶有雜訊學習中，特殊的損失函式能發揮出讓人意想不到的作用。

　　眾所皆知，深度學習的巨大成功主要歸因於其可編碼大規模資料並操縱數十億個模型參數，但是，將這些煩瑣的深度模型部署在資源有限的裝置 (如行動電話和嵌入式裝置) 上是一個挑戰，不僅是因為計算複雜性高，而且還有龐大的儲存限制。為此，人們已經開發了多種模型壓縮和加速技術。作為模型壓縮和加速的代表類型，知識蒸餾能有效地從大型模型中蒸餾出小型模型，並且性能的損耗微小，受到業界的廣泛關注。

　　本章將深入淺出地介紹深度學習損失函式的思想、意義和一些巧妙的變種，並結合實際應用與競賽任務給讀者清晰地呈現出各項損失函式。同時，本章還將對知識蒸餾的概念介紹與解析，理論結合實踐，給讀者提供真實應用場景中壓縮模型及加速的方法。

11.1　損失函式

　　在講解損失函式之前，筆者先額外談談損失函式 (Loss Function)、損失代價函式 (Cost Function) 和目標函式 (Objective Function) 之間的區別和聯繫，以便讀者了解概念並有更深入的理解。

損失函式是針對單一訓練樣本而言的，給定模型一個輸出值和一個真實標籤，損失函式輸出一個值來衡量單一樣本預測值和真實標籤之間的差異。

損失代價函式通常是針對整個訓練集或在使用 Mini-Batch 梯度下降時計算當前批資料的總損失。

目標函式則是一個更加通用的術語，表示任意希望被最佳化的函式，在非機器學習領域 (例如運籌最佳化等場景) 也會被提及。

用一句話總結三者的關係：損失函式是損失代價函式的一部分，損失代價函式是目標函式的一種方式。

在理清楚三者的關係後，讀者對損失函式的理解會明朗很多。損失函式的最佳化物件可以看成兩方面：預測輸出與標籤，如圖 11.1 所示。透過將模型的預測值與應該輸出的實際值進行比較，讓模型計算的結果盡可能地「逼近」所有資料。

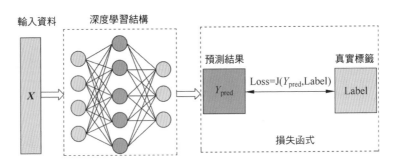

▲ 圖 11.1 損失函式最佳化物件

如果預測值 Y_{pred} 與真實標籤 Label 相差很遠，則損失 (Loss) 值將非常高，以傳遞給模型更大的梯度。相反，如果兩個值相似，則損失值將非常低，因此，模型需要保持一個損失函式，該函式在對資料集進行訓練時可以有效地懲罰模型。如果損失非常大，則這個巨大的價值在訓練過程中透過網路傳播時，權重的變化將比平常多一點；如果損失小，則權重不會發生太大變化，因為網路已經做得很好了。

這種情況有點類似於考試。如果一個人在考試中表現不佳，則可以說損失非常高，那麼這個人將不得不改變自己的學習方法，以便下次獲得更好的成績，但是，如果考試進行順利，則不必改變太多當前的學習方法。

11.2 常用的損失函式

監督學習本質上是給定一系列訓練樣本 (x_i, y_i)，要求模型透過大量資料去學習 $x \rightarrow y$ 的映射關係。當給定的 x_k 不在替定的資料集之內時，模型也能透過學習到的映射關係來預測 y_k，使之能夠盡可能地接近真實的標籤 $\hat{y}_k$，而損失函式 J 正是這一過程中的關鍵部分。損失函式用來衡量模型的輸出與真實標籤之間的差距，給模型的最佳化指明方向。在日常的工作中，不同的任務也有著與之相契合的損失函式。

11.2.1 回歸

1. 平均絕對誤差

在不了解現有的損失函式的情況下，如果讓你設計一個 Loss 用以度量真實標籤和實際標籤的差異，你會怎麼做呢？

最先想到的肯定是用兩者之差來衡量，即 $|\text{Label} - y_{\text{pred}}|$，很高興地告訴你，你獲得了平均絕對誤差 (MAE) 的評判結果，如式 (11.1) 所示。

$$\text{MAE}(x) = \frac{1}{N} \sum_{i=1}^{N} | \text{Label} - y_{\text{pred}} | \qquad (11.1)$$

當真實標籤為 0 時，預測的標籤分別為 [–10 000 ~ 10 000] 的平均絕對誤差損失函式如圖 11.2 所示，其中 MAE 損失的最小值為 0，並且隨著預測與真實值的絕對誤差 $|\text{Label} - y_{\text{label}}|$ 增加，MAE 損失呈線性增長。MAE 曲線的梯度始終相同，為解決此問題，在損失值減小時，也需要動態地降低學習率。

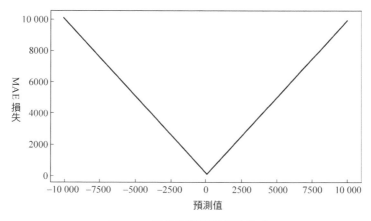

▲ 圖 11.2 平均絕對誤差損失函式

在一定的假設下，演算法可以透過最大似然得到 MAE 損失的形式，假設模型預測與真實值之間的誤差服從拉普拉斯分佈 ($\mu=0,b=1$)，則給定一個 x_i，模型輸出真實值 y_i 的機率如式 (11.2) 所示。

$$p(y_i \mid x_i) = \frac{1}{2}\exp\left(-\mid y_i - \hat{y}_i \mid\right) \tag{11.2}$$

如式 (11.3) 所示，進一步假設資料集中 N 個樣本點之間相互獨立，給定所有 x 輸出所有真實值 y 的機率，即似然 Likelihood 為所有 $p\,(y_i|x_i)$ 的累乘。為了計算方便，通常最大化對數似然 Log-Likelihood，去掉與 $\hat{y}_i$ 無關的第一項，然後轉化為最小化負對數似然 Negative Log-Likelihood。

$$\begin{cases} L(x,y) = \prod_{i=1}^{N} \frac{1}{2}\exp\left(-\mid y_i - \hat{y}_i \mid\right) \\ \mathrm{LL}(x,y) = -\frac{N}{2} - \sum_{i=1}^{N} \mid y_i - \hat{y}_i \mid \\ \mathrm{NLL}(x,y) = \sum_{i=1}^{N} \mid y_i - \hat{y}_i \mid \end{cases} \tag{11.3}$$

在 torch 中，使用 MAE 損失，即 L1 loss，只需呼叫 torch 的相關介面便可以實現，程式如下：

```
#chapter11/Example.py
# 匯入 torch
import torch
# 實例化 L1 loss
loss =torch.nn.L1Loss()
# 隨機初始化輸入及輸出資料
input = torch.randn(3, 5, requires_grad=True)
target = torch.randn(3, 5)
# 使用 MAE 損失結合梯度下降的方法擬合輸入與目標值的資料
output = loss(input, target)
output.backward()
```

2. 均方根誤差

為了使神經網路以最最佳化的方式求解，通常需要損失函式處處可導且平滑，以便梯度的求解與傳播。於是，聰明的研究者使用了最小平方法對兩者之差進行了數學平滑化，即均方根誤差 (MSE)。回歸任務中最常用的損失函式均方誤差如式 (11.4) 所示，它的思想是使各個訓練點到最佳擬合線的距離最小，即平方和最小。

$$\mathrm{MSE}(x) = \frac{1}{2N} \sum_{i=1}^{N} | \mathrm{Label} - y_{\mathrm{pred}} |^2 \qquad (11.4)$$

對於真實標籤為 0，不同的預測值 [–10 000,10 000] 的均方根誤差損失變化圖如圖 11.3 所示。橫軸是不同的預測值，縱軸是均方根誤差損失，可以看到隨著預測與真實值絕對誤差的增加，均方差損失呈二次方增加。MSE 曲線的特點是平滑連續、可導，便於使用梯度下降演算法。除此之外，MSE 隨著誤差的減小，梯度也在減小，這有利於函式的收斂，即使固定學習因數，函式也能較快地取得最小值。

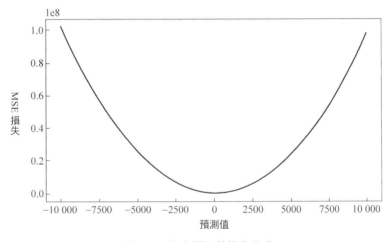

▲ 圖 11.3 均方根誤差損失函式

由於平方項的引入，當真實標籤與預測值的差值大於 1 時，會增大其誤差；當其差值小於 1 時，則會減小其誤差，這是由平方的特性決定的。換言之， MSE 會對誤差較大 (>1) 的情況給予更大的懲罰，對誤差較小 (<1) 的情況給予更小的懲罰。從訓練的角度來看，模型會更加偏向於懲罰較大的點，賦予其更大的權重。這也造成了一個額外的問題，試想，如果樣本中存在離群點，則 MSE 會給離群點賦予更高的權重，以犧牲其他正常資料點的預測效果為代價，最終會降低模型的整體性能。

和 MAE 類似，MSE 在假設模型預測值和真實值之間的誤差時服從標準高斯分佈 $(\mu=0,\sigma=1)$，此時給定 x_i，模型輸出真實值 y_i 的機率如式 (11.5) 所示。

$$p(y_i \mid x_i) = \frac{1}{\sqrt{2\pi}}\exp\left(-\frac{(y_i - \hat{y}_i)^2}{2}\right) \tag{11.5}$$

對數最大似然及轉為最小化的形式如式 (11.6) 所示。在模型輸出與真實值的誤差服從高斯分佈的假設下，最小化均方差損失函式與最大似然估計本質上是一致的。

$$\begin{cases} L(x,y) = \prod_{i=1}^{N} \frac{1}{\sqrt{2\pi}}\exp\left(-\frac{(y_i - \hat{y}_i)^2}{2}\right) \\ \mathrm{LL}(x,y) = \log(L(x,y)) = -\frac{N}{2}\log 2\pi - \frac{1}{2}\sum_{i=1}^{N}(y_i - \hat{y}_i)^2 \\ \mathrm{NLL}(x,y) = \frac{1}{2}\sum_{i=1}^{N}(y_i - \hat{y}_i)^2 \end{cases} \tag{11.6}$$

如圖 11.4 與圖 11.5 所示，拉普拉斯分佈和高斯分佈是非常常見的連續機率分佈，因此在這個假設能被滿足的場景中 (例如回歸)，均方根誤差損失是一個很好的損失函式選擇；在這個假設不能被滿足的場景中 (例如分類)，均方根誤差損失不是一個好的選擇。

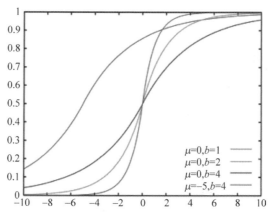

▲ 圖 11.4 拉普拉斯分佈曲線

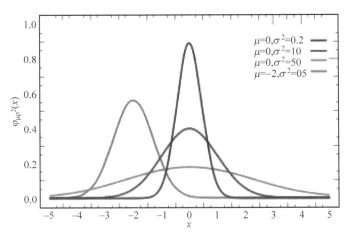

▲ 圖 11.5　高斯分佈曲線

　　當使用梯度下降演算法時，MSE 損失的梯度為 $-\hat{y}_i$，而 MAE 損失梯度為 ± 1，即 MSE 梯度的範圍會隨誤差大小變化，而 MAE 梯度的範圍則一直保持為 1，即使在絕對誤差 $|y_i - \hat{y}_i|$ 很小的時候，MAE 的梯度也同樣為 1，這實際上是非常不利於模型的訓練的。當然可以透過在訓練過程中動態地調整學習率緩解這個問題，但是整體來講，損失函式梯度之間的差異導致了 MSE 在大部分時候比 MAE 收斂得更快，這個也是 MSE 更為流行的原因。

　　當然，由於兩種損失函式對不同誤差表現的梯度不同，MAE 對所有預測情況的梯度一致，故對於資料標注異常的情況有更大的穩健性，但 MAE 存在一個嚴重的問題 (特別是對於神經網路)：更新的梯度始終相同，也就是說，即使對於很小的損失值，梯度也很大，這樣不利於模型的學習。為了解決這個缺陷，可以使用變化的學習率，在損失接近最小值時降低學習率，而 MSE 在這種情況下的表現就很好，即使使用固定的學習率也可以有效收斂。MSE 損失的梯度隨著損失增大而增大，而損失趨於 0 時梯度則會減小。在訓練結束時，使用 MSE 模型的結果會更精確。

　　在真實的應用場景中，如果異數代表在資料中很重要的異常情況，並且需要被檢測出來，則應選用 MSE 損失函式。相反，如果只把異常值當作受損資料，則應選用 MAE 損失函式。

　　和 MAE 損失相同，torch 也對均方根誤差進行了封裝，程式如下：

```
#chapter11/Example.py
# 匯入 torch
import torch
# 實例化均方根誤差
loss = torch.nn.MSELoss()
# 隨機初始化輸入及輸出資料
input = torch.randn(3, 5, requires_grad=True)
target = torch.randn(3, 5)
# 使用 MSE 損失結合梯度下降的方法擬合輸入與目標值的資料
output = loss(input, target)
output.backward()
```

3. Huber 損失

在某些情況下，上述兩種損失函式都不能滿足需求。舉例來說，若資料中 90% 的樣本對應的目標值為 150，則剩下的 10% 樣本在 0~30。那麼使用 MAE 作為損失函式的模型可能會忽視這 10% 的異數，對所有樣本的預測值都為 150，這是因為模型會按中位數來預測。而使用 MSE 的模型則會舉出很多介於 0~30 的預測值，因為模型會向異數偏移。上述兩種結果在真實的場景中都是不可取的。

使用 MAE 訓練神經網路最大的問題是不變的大梯度，這可能導致在使用梯度下降快要結束時，錯過了最小點，而對於 MSE，梯度會隨著損失的減小而減小，使結果更加精確。

在這種情況下，Huber 損失就非常有用。它會由於梯度的減小而落在最小值附近。比起 MSE，它對異數更加穩健，因此，Huber 損失結合了 MSE 和 MAE 的優點，但是，Huber 可能需要不斷調整超參數 δ。

Huber 損失結合了 MSE 和 MAE 損失，在誤差接近 0 時使用 MSE，使損失函式可導並且梯度更加穩定；在誤差較大時使用 MAE 可以降低離群資料的影響，使訓練對離群點來講更加穩健，缺點是需要額外地設置一個超參數 δ。

如式 (11.7) 所示，Huber 損失不像平方損失對資料中的異數敏感。本質上，Huber 損失是絕對誤差，只是在誤差很小時變為平方誤差。誤差降到多小時變為二次誤差則由超參數 δ 來控制。即當 Huber 損失在 $[0-\delta,0+\delta]$ 之間時，其等價為 MSE，而在 $[-\infty,\delta]$ 和 $[\delta,+\infty]$ 之間時為 MAE。

$$L_\delta(y,f(x)) = \begin{cases} \dfrac{1}{2}(y-f(x))^2 & \mid y-f(x) \mid \leqslant \delta \\ \\ \delta \mid y-f(x) \mid -\dfrac{1}{2}\delta^2 & \text{其他} \end{cases} \tag{11.7}$$

如圖 11.6 所示，Huber 損失的超參數 δ 的選擇非常重要，其中橫軸表示真實值和預測值的差值，縱軸為損失。可以看出，δ 越小其曲線越趨近於 MSE；δ 越大則越趨近於 MAE。當殘差大於 δ 時，應當採用 MAE(對較大的異常值不那麼敏感) 來最小化；當殘差小於超參數時，則用 MSE 來最小化。

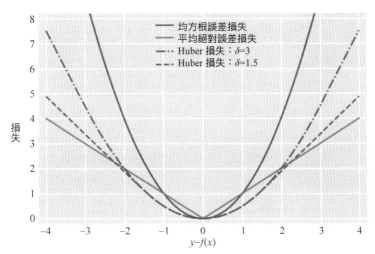

▲ 圖 11.6 均方根誤差損失、平均絕對誤差損失及 Huber 損失對比

Huber 損失實現的程式如下：

```
#chapter11/Losses.py
# 匯入 torch
import torch
def smooth_l1_loss(input, target, sigma, reduce=True, normalizer=1.0):
    beta = 1. / (sigma ** 2)
    diff = torch.abs(input - target)
    cond = diff  beta
    loss = torch.where(cond, 0.5 * diff ** 2 / beta, diff - 0.5 * beta)
    if reduce:
        return torch.sum(loss) / normalizer
    return torch.sum(loss, dim=1) / normalizer
```

同時，torch 對 Huber 損失也進行了封裝。Huber 損失在 torch 中封裝的 API 為 SmoothL1Loss()，程式如下：

```
#chapter11/Example.py
# 匯入 torch
import torch
```

```
# 實例化均方根誤差
loss = torch.nn.SmoothL1Loss()
# 隨機初始化輸入及輸出資料
input = torch.randn(3, 5, requires_grad=True)
target = torch.randn(3, 5)
# 使用 Huber 損失結合梯度下降的方法擬合輸入與目標值的資料
output = loss(input, target)
output.backward()
```

4. Log-Cosh 損失

Log-Cosh 是應用於回歸任務的另一種損失函式，如式 (11.8) 所示，與其名稱相符，Log-Cosh 即真實標籤與預測值之間的誤差求雙曲餘弦取對數後的結果。與均方根誤差相比，Log-Cosh 損失更平滑。

如圖 11.7 所示，當真實標籤為 0 時，預測值的範圍為 [–10~10] 的 Log-Cosh 損失的值，在損失很小時曲線較為平滑，而在損失較大時趨近於線性。這是由於對於較小的 x 值，log (cosh(x)) 約等於 $x^2/2$；對於較大的 x 值，則約等於 abs(x)–log(2)。

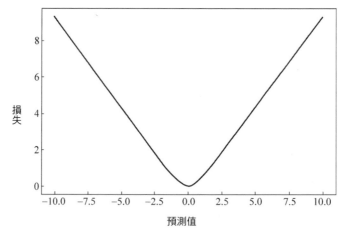

▲ 圖 11.7 Log-Cosh 損失

$$L(y, y^p) = \sum_{i=1}^{n} \log(\cosh(y_i^p - y_i)) \tag{11.8}$$

如圖 11.8 所示，橫軸表示真實值和預測值的差值，縱軸為函式值。Log-Cosh 的工作原理和均方根誤差很像，錯得離譜的預測值對它影響不會很大。它具備了 Huber 損失函式的所有優點，而且無須設置超參數。值得一提的是，相較於 Huber 損失，它在所有地方都二次可微。這對於一些機器學習模型非常有用，如 XGBoost 採用牛頓法來尋找最佳點，而牛頓法就需要求解二階導數 (Hessian)，因此對於諸如 XGBoost 這類機器學習框架，損失函式的二階可微是很有必要的，但 Log-Cosh 損失也並非完美，仍存在某些問題。例如誤差很大，一階梯度和 Hessian 會變成定值，導致 XGBoost 出現缺少分裂點的情況。

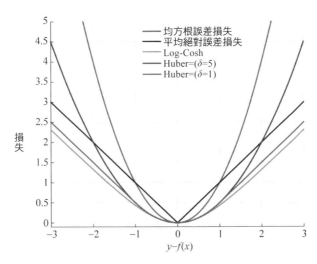

▲圖 11.8 Log-Cosh 損失與其他損失對比

Log-Cosh 損失的程式如下：

```
#chapter11/Losses.py
# 匯入 torch
import torch
def LogCoshLoss(input, target):
    ey_t = input - target
    return torch.mean(torch.log(torch.cosh(ey_t + 1e-12)))
```

5. 分位數損失

回歸演算法通常是擬合訓練資料的期望或中位數，而使用分位數損失函式 (Quantile Loss) 可以透過給定不同的分位點，擬合訓練資料的不同分位數，如圖 11.9 所示。

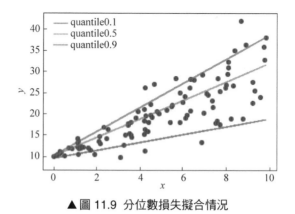

▲ 圖 11.9 分位數損失擬合情況

設置不同的分位數可以擬合出不同的直線。分位數損失函式如式 (11.9) 所示。

$$L_{\text{quantile}} = \frac{1}{N} \sum_{i=1}^{N} I_{y > f(x)} (1 - \gamma) \mid y - f(x) \mid + I_{y < f(x)} \gamma \mid y - f(x) \mid \qquad (11.9)$$

該函式是一個分段函式，γ 為分位數係數，透過超參數 γ 調節損失對高估與低估的權重，從而關注特殊場景中的特定案例。y 為真實值，$f(x)$ 為預測值。根據預測值和真實值的大小，分兩種情況考慮。$y > f(x)$ 為高估，預測值比真實值大；$y < f(x)$ 為低估，預測值比真實值小，使用不同的分位數係數控制高估和低估在整個損失值的權重。

特別地，當 $\gamma = 0.5$ 時，分位數損失退化為平均絕對誤差 (MAE)，也可以將 MAE 看成分位數損失的特例，即中位數損失。圖 11.10 所示的是取不同的中位點 [0.25,0.5,0.7] 得到不同的分位數損失函式的曲線，也可以看出當 $\gamma = 0.5$ 時是 MAE。

在 torch 中，分位數損失的程式如下：

```
#chapter11/losses.py
# 匯入 torch
import torch
# 實例化均方根誤差
def QuantileLoss( preds, target,quantiles):
    assert not target.requires_grad
    assert preds.size(0) == target.size(0)
    losses = []
    for i, q in enumerate(quantiles):
        errors = target - preds[:, i]
```

```
        losses.append(torch.max((q - 1) * errors, q * errors).unsqueeze(1))
    loss = torch.mean(torch.sum(torch.cat(losses, dim=1), dim=1))
return loss
```

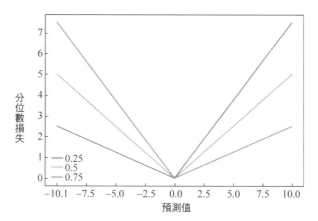

▲圖 11.10 不同 γ 設定值下分位數損失對比

11.2.2　分類

　　根據標籤為離散或連續，機器學習任務被分為分類任務和回歸任務。自然語言處理的下游任務幾乎可以轉為分類任務。如 BERT 預訓練的 MLM 任務為預測當前被掩蓋的字元，為字典等級的多分類；NSP 任務為是否為上下句的二分類任務；文字情感分析、文字匹配、命名實體辨識、機器閱讀理解，甚至文字生成都可以看成文字分類任務。

1.　0-1 損失函式

　　0-1 損失函式是最簡單，也是最容易直觀理解的一種損失函式。對於二分類問題，如果預測類別 y_{pred} 與真實類別 label 不同 (樣本分類錯誤)，則 $L=1$(L 表示損失函式)；如果預測類別 y_{pred} 與真實類別 label 相同 (樣本分類正確)，則 $L=0$。0–1 損失函式的運算式如式 (11.10) 所示。

$$L(y,\text{label}) = \begin{cases} 0, & y_{\text{pred}} = \text{label} \\ 1, & y_{\text{pred}} \,! = \text{label} \end{cases} \tag{11.10}$$

　　0-1 損失函式非常容易理解，每個批次的資料損失為當前批次中預測錯誤的樣本的個數，但其存在著以下缺陷：首先，0-1 損失函式對每個錯分類點都施以

相同的懲罰 (損失為 1)，忽略了樣本預測值之間的距離，對犯錯比較大的點與接近訓練樣本的點都以相同的懲罰進行反向傳播；其次，0-1 損失不連續、非凸且不可導，難以進行梯度最佳化，因此，在實際應用中，0-1 損失函式很少被使用。

2. 交叉熵損失函式

交叉熵損失函式 (Cross Entropy Loss) 是分類任務中最常見也是非常重要的損失函式，同時也是應用最多的損失函式之一。交叉熵是資訊理論中的重要概念，主要用於度量兩個機率分佈間的差異性。在了解交叉熵之前，讀者需要了解資訊量、資訊熵及相對熵。

夏農認為「資訊是用來消除隨機不確定性的東西」，也就是說衡量資訊量的大小是看這個資訊消除不確定性的程度。「明天有些股票會漲」，這筆資訊並沒有減少不確定性，因為肯定有些股票是會漲的，資訊量幾乎為 0。

資訊量的大小與資訊發生的機率成反比。機率越大，資訊量越小；機率越小；資訊量越大。設某件事情發生的機率為 $P(x)$，其資訊量如式 (11.11) 表示，其中 $I(x)$ 表示資訊量，$-\log(x)$ 表示以 e 為底的自然對數。

$$I(x) = -\log\left(P(x)\right) \tag{11.11}$$

在明白資訊量的概念後，理解資訊熵會比較容易。資訊熵也稱為熵，用來表示所有資訊量的期望。期望是試驗中每次可能結果的機率乘以其結果的總和。以一個離散型隨機變數為例。資訊量的熵如式 (11.12) 所示。

$$H(X) = -\sum_{i=1}^{n} P(x_i)\log\left(P(x_i)\right) \quad (X = x_1, x_2, \cdots, x_n) \tag{11.12}$$

以明天的天氣為例，如表 11.1 所示。

▼ 表 11.1 明天天氣的資訊量

事件	機率	資訊量
晴	0.4	–log 0.4
雨	0.3	–log 0.3
多雲	0.3	–log 0.3

則明天的天氣資訊熵為 $H(X)=-(0.4 \times \log(0.4)+0.3 \times \log(0.3)+0.3 \times \log(0.3))$。

對於特殊的情況如 0-1 分佈問題，其結果只有兩種情況，是或不是。設某件事情發生的機率為 $p(x)$，則另一件事情發生的機率為 $1-p(x)$，所以對於 0-1 分佈問題，計算熵的公式可以簡化為式 (11.13)。

$$
\begin{aligned}
H(X) &= -\sum_{n=1}^{n} P(x_i \log(P(x_i))) \\
&= -[P(x)\log(P(x)) + (1-P(x))\log(1-P(x))] \\
&= -P(x)\log(P(x)) - (1-P(x))\log(1-P(x))
\end{aligned}
\tag{11.13}
$$

如果對於同一個隨機變數 x，有兩個單獨的機率分佈 $p(x)$ 和 $q(x)$，則可以使用 KL 散度來衡量，即使用相對熵來衡量這兩個機率分佈之間的差異，如式 (11.14) 所示。

$$
D_{KL}(p \parallel q) = \sum_{i=1}^{n} p(x_i)\log\left(\frac{p(x_i)}{q(x_i)}\right)
\tag{11.14}
$$

KL 散度越小，表示 $p(x)$ 與 $q(x)$ 的分佈越接近，而在分類任務中，目的是讓預測的機率分佈和真實的類別分佈更加逼近，同時式 (11.14) 可以化簡為式 (11.15)。

$$
\begin{aligned}
D_{KL}(p \parallel q) &= \sum_{i=1}^{n} p(x_i)\log(p(x_i)) - \sum_{i=1}^{n} p(x_i)\log(q(x_i)) \\
&= -H(p(x)) + \left[-\sum_{i=1}^{n} p(x_i)\log(q(x_i))\right]
\end{aligned}
\tag{11.15}
$$

式 (11.15) 經過化簡後的第一項 $H(p(x))$ 表示 $p(x)$ 資訊熵，後者為交叉熵，KL 散度 (相對熵)= 交叉熵—資訊熵。

在機器學習任務訓練網路時，輸入的資料與標籤往往已經確定，此時真實機率分佈 $P(x)$ 也就確定下來了，所以式 (11.15) 的資訊熵在這裡是一個常數。由於 KL 散度的值表示真實機率分佈 $p(x)$ 與預測機率分佈 $q(x)$ 之間的差異，值越小表示預測的結果越好，所以需要最小化 KL 散度。在 $p(x)$ 的資訊熵已定且為常數的情況下，最小化 KL 散度只需最最佳化後一項，即交叉熵，其公式如式 (11.16) 所示。

$$H(p,q) = -\sum_{i=1}^{n} p(x_i)\log(q(x_i)) \tag{11.16}$$

同時，從最大似然的角度也能完成對交叉熵的理論推導。設有一組訓練樣本 $X=\{x_1,x_2,\cdots,x_m\}$，該樣本的分佈為 $p(x)$。假設使用 θ 參數化模型得到 $q(x;\theta)$，現用這個模型來估計 X 的機率分佈，得到似然函式如式 (11.17) 所示。

$$L(\theta) = q(X;\theta) = \prod_{i}^{m} q(x_i;\theta) \tag{11.17}$$

最大似然估計求出 θ，使 $L(\theta)$ 的值最大，如式 (11.18) 所示。

$$\theta_{\text{ML}} = \arg\max_\theta \prod_{i}^{m} q(x_i;\theta) \tag{11.18}$$

在求導過程中，累乘求導往往比較複雜，為此對式 (11.18) 的兩邊同時取 log，等價最佳化 log 的最大似然估計，即 Log-Likelyhood，此時最大對數似然估計如式 (11.19) 所示，對式 (11.8) 的右邊進行縮放並不會改變 argmax 的解，並且式 (11.8) 的右邊除以樣本的個數 m。

$$\begin{cases} \theta_{\text{ML}} = \arg\max_\theta \sum_{i}^{m} \log q(x_i;\theta) \\ \theta_{\text{ML}} = \arg\max_\theta \frac{1}{m}\sum_{i}^{m} \log q(x_i;\theta) \end{cases} \tag{11.19}$$

如式 (11.20) 所示，在多分類中使用 Softmax 函式將最後的輸出映射為每個類別的機率，而在二分類中則通常使用 Sigmoid 將輸出映射為正樣本的機率。這是因為在二分類中，只有兩個類別：{ 正樣本 , 負樣本 }，只需求得正樣本的機率 q，則 1–q 是負樣本的機率，這也是多分類和二分類不同的地方。

$$S_i = \frac{e^{z_i}}{\sum_{i=1}^{n} e^{z_i}} \tag{11.20}$$

Sigmoid 函式的運算式如式 (11.21) 所示。

$$\sigma(z) = \frac{1}{1 + e^{-z}} \tag{11.21}$$

Sigmoid 的輸入為 z，其輸出為 (0,1)，可以表示分類為正樣本的機率。二分類的交叉熵可以看作交叉熵損失的特列，其運算式如式 (11.22) 所示。因為只有兩個選擇，所以有 $p(x_1)+p(x_2)=1$，$q(x_1)+q(x_2)=1$。假設訓練樣本中 x_1 的機率為 p，則 x_2 的機率為 $1-p$；x_1 的預測機率為 q，則 x_2 的預測機率為 $1-q$。

$$\begin{cases} \text{Cross\_Entropy}\,(p,q) = -\sum_i^m p(x_i) \log q(x_i) \\ \text{Cross\_Entropy}\,(p,q) = -(p(x_1)\log q(x_1) + p(x_2)\log q(x_2)) \\ \text{Cross\_Entropy}\,(p,q) = -(p\log q + (1-p)\log(1-q)) \end{cases} \tag{11.22}$$

以二分類任務的交叉熵為例，當標籤為 0 和 1 時，如式 (11.23) 所示。此時根據預測輸出繪製損失的曲線如圖 11.11 所示，水平座標為預測輸出，垂直座標是交叉熵損失函式 L。顯然，預測輸出越接近真實樣本標籤，損失函式 L 越小；反之，L 越大，因此，函式的變化趨勢完全符合實際需要的情況。

$$L = \begin{cases} -\log(1-q), & p = 0 \\ -\log q, & p = 1 \end{cases} \tag{11.23}$$

另外，從圖形中可以發現，預測輸出與 y 差得越多，L 的值越大，對當前模型的「懲罰」就越大，而且是非線性增大，是一種類似指數增長的等級。這是由 log 函式本身的特性所決定的。這樣的好處是模型會傾向於更接近真實樣本標籤 y 的樣本。

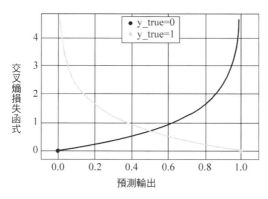

▲ 圖 11.11 二分類交叉熵在標籤為 0 和 1 時的損失曲線

在 torch 中，交叉熵以各種形式進行了封裝，使用過程只需對相關 API 進行呼叫。PyTorch 中實現交叉熵損失的有 3 個函式：torch.nn.CrossEntropyLoss、torch.nn.LogSoftmax 及 torch.nn.NLLLoss，程式如下：

```
#chapter11/losses.py
# 匯入 torch
import torch
# 輸入為 n 維向量，指定要計算的維度 dim，輸出為 log(Softmax(x))
torch.nn.functional.log_Softmax()
#input 也是 log_Softmax 的輸出值，各個類別的對數機率
#target 為目標正確類別，weight 針對類別不平衡問題，可以為類別設置不同的權值
#ignore_index 為要忽略的類別，不參與 loss 的計算
# 比較重要的是 reduction 的值，有 3 個設定值：none 不做處理，輸出的結果為向量；mean 將 #none 結
# 果求平均值後輸出；sum 將 none 結果求和後輸出

torch.nn.functional.nll_loss(input, target, weight=None, size_average=None,
ignore_index=-100, reduce=None, reduction='mean')
torch.nn.CrossEntropyLoss()
torch.nn.nll_loss(log_Softmax(input))
```

3. 合頁損失函式

合頁損失函式 (Hinge Loss) 通常被用於最大間隔演算法 (Maximum–Margin)，而最大間隔演算法又是支援向量機 (SVM) 用到的重要演算法。

合頁損失函式專用於二分類問題，標籤值 y=±1，預測值 $\hat{y} \in \mathbf{R}$。該二分類問題的目標函式的要求如下：

當 $\hat{y} \geq 1$ 或 $\hat{y} \leq -1$ 時，預測結果是分類器確定的分類結果，損失函式為 0；當預測值 $\hat{y} \in (-1,1)$，時，分類器對分類結果不確定，損失函式不為 0。顯然，當 $\hat{y}=0$ 時，損失函式達到最大值。

合頁損失函式如式 (11.24) 所示。以 y=1 為例。當 y ≥ 1 時，損失函式為 0，否則損失函式線性增大。

$$L(y) = \max(0, 1 - \hat{y}y) \tag{11.24}$$

如果樣本被正確分類，則損失為 0；如果模型被錯誤分類，則損失函式如式 (11.25) 所示。

$$L(y) = 1 - \hat{y}y \tag{11.25}$$

函式影像如圖 11.12 所示，當 y 為正類時，模型輸出負值會有較大的懲罰；當模型輸出為正值且在 (0,1) 區間時，還會有一個較小的懲罰。即合頁損失不僅懲罰預測錯的，並且對於預測對的但是置信度不高的也會給一個懲罰，只有置信度高的才會有零損失。合頁損失要找到一個決策邊界，使所有資料點被這個邊界正確地、高置信地分類。

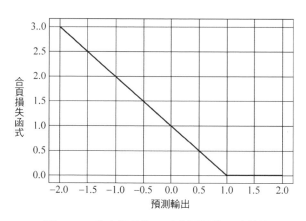

▲ 圖 11.12 真實標籤為 1 時合頁損失函式的值

對合頁損失函式來講，如果樣本被正確分類，並且距離分類邊界的距離超過了間隔，則損失標記為 0。因此，合頁損失函式最小化的目標是讓樣本儘量都被正確分類，並且距離邊界足夠遠，使用合頁損失直覺上理解是要找到一個決策邊界，使所有資料點被這個邊界正確地、高置信地分類。

按照公式組成，使用 torch 實現該損失函式的程式如下：

```
#chapter11/losses.py
# 匯入 torch
import torch
def Hinge_loss(outputs, labels):
    return torch.mean(torch.clamp(1 - outputs.t()*labels, min=0))
```

4. Modified Huber Loss

回歸任務中，筆者介紹了 Huber Loss，它巧妙地結合了均方根誤差 (MSE) 和平均絕對誤差 (MAE) 的優點，當 | y–f(x) | 小於一個實現指定的 δ 時，變為均方根誤差；當大於 δ 時，變為平均絕對誤差，因此該損失函式更具穩健性，而 Huber

Loss 除了能在回歸問題中應用之外，也能應用於分類問題中，稱為 Modified Huber Loss，其運算式如式 (11.26) 所示。

$$L(y,s)=\begin{cases}\max(0,1-ys)^2, & ys \geqslant -1 \\ -4ys, & ys < -1\end{cases} \tag{11.26}$$

其中，s 為模型預測的未經過啟動函式的線性結果，y 為資料的真實標籤。根據式 (11.26) 的定義，模型的損失可以分為三段。即當 $ys \in (-\infty,-1)$ 時，模型的損失呈線性；當 $ys \in (-1,1)$ 時，模型的損失呈二次函式關係；當 $ys \in (1,\infty)$ 時，模型的損失為 0。

如圖 11.13 所示，Modified Huber Loss 結合了 Hinge Loss 和交叉熵 Loss 的優點。一方面能在 ys>-1 時產生稀疏解來提高訓練效率；另一方面對於 ys<-1 樣本的懲罰以線性增加，這表示受異數的干擾較少。

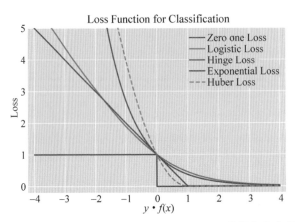

▲ 圖 11.13 Modified Huber Loss 和 Hinge Loss 等損失函式的對比

程式如下：

```
#chapter11/losses.py
# 匯入 torch
import torch
def modified_huber_loss(y_pred, y,):
    margin = y * y_pred
    g = torch.where(margin = 1, 0, torch.where(margin = -1, y * 2 * (1 - margin), 4 * y))
    return g
```

11.3 損失函式的進階

真實應用場景中的資料往往存在著特定的問題，如樣本不均衡、樣本誤標注等。針對這種問題，大量的學者也進行了深入研究。透過修改損失函式的方式，在有限的資料資源和已定的模型結構情況下，可以讓模型在訓練時更加關注於資料中特定的問題。

11.3.1 樣本不均衡

在傳統的分類任務中，訓練資料的分佈往往都受到了人工的均衡，即不同類別的樣本數量無明顯差異。一個均衡的資料集固然大大簡化了對演算法穩健性的要求，也在一定程度上確保了所得模型的可靠性，但隨著關注類別的逐漸增加，維持各個類別之間均衡將帶來擷取成本呈指數增長。舉個簡單的例子，要做一個文字是否詐騙的分類任務，其中詐騙樣本和非詐騙樣本的比往往是極度不平衡的。此外，經典的序列標注任務中的類別也是嚴重不平衡的，例如在命名實體辨識中，顯然一句話裡的實體比非實體要少得多，這是一個類別嚴重不平衡的情況。

在自然情況下，資料往往會呈現以下相同的長尾分佈。這種趨勢同樣出現在從自然科學到社會科學的各個領域中，可參考二八定律。如果直接利用長尾資料來訓練分類系統，模型往往會對頭部資料過擬合，從而在預測時忽略尾部的類別。利用不均衡的長尾資料訓練出均衡的分類器是所關心的問題。

11.3.2 Focal Loss

Focal Loss 損失函式常被用於解決物件辨識樣本不均衡的問題。在機器學習或深度學習模型的訓練過程中，常常會遇到資料樣本類別不均衡的情況，針對此問題，常用的方法包括樣本加權、樣本過採樣、樣本欠採樣，然而這幾種方法僅考慮了不同樣本類別在數量上的差異，忽略了不同樣本類別在分類上的難易程度。對於二分類問題，最基礎的交叉熵損失函式計算公式如式 (11.27) 所示，其中 y 是樣本的真實標籤，p 是預測該樣本標籤為 1 的機率。

$$\mathrm{CE}(p,y) = \begin{cases} -\log(p), & y = 1 \\ -\log(1-p), & \text{其他} \end{cases} \tag{11.27}$$

為了方便描述，令

$$p_t = \begin{cases} p, & y = 1 \\ 1 - p, & \text{其他} \end{cases} \qquad (11.28)$$

則式 (11.27) 就可以寫成式 (11.29)：

$$\text{CE}(p_t) = -\log(p_t) \qquad (11.29)$$

為了讓模型更加關注難以學習且沒學明白的樣本，可以對交叉熵的結果進行截斷，即當預測機率大於 0.5 時，模型的損失變為 0，如式 (11.30) 所示。

$$\lambda(y, \hat{y}) = \begin{cases} 0, & (y = 1 \text{ 且 } \hat{y} > 0.5) \text{ 或 } (y = 0 \text{ 且 } \hat{y} < 0.5) \\ 1, & \text{其他} \end{cases} \qquad (11.30)$$

正樣本的預測值大於 0.5 或負樣本的預測值小於 0.5 都不更新了，把注意力集中在預測不準的那些樣本上，當然這個設定值可以調整。這樣做能部分地達到目的，但是所需要的迭代次數會大大增加。其原因如下：以正樣本為例，我只告訴模型正樣本的預測值大於 0.5 時就不更新了，卻沒有告訴它要「保持」大於 0.5，所以下一階段，它的預測值就很有可能變回小於 0.5 了。當然，如果是這樣，下一回合它又被更新了，這樣反覆迭代，理論上也能達到目的，但是迭代次數會大大增加，所以要想改進，重點是「不僅要告訴模型正樣本的預測值大於 0.5 時就不更新了，還要告訴模型當其大於 0.5 後只需保持」。好比老師看到一個學生考試及格了就不管了，這顯然是不行的。如果學生考試已經及格，則應該想辦法讓他保持目前這種狀態甚至變得更好，而非不管。

硬截斷會出現不足，關鍵地方在於因數 $\lambda(y,\hat{y})$ 是不可導的，或認為它的導數為 0，因此這一項不會對梯度有任何幫助，不能從它這裡得到合理的回饋（也就是模型不知道「保持」表示什麼）。解決這個問題的一種方法是「軟化」這個損失，也就是前文中所講的平滑化。Focal Loss 提出了用式 (11.31) 來軟化此目標函式。

$$L_{\text{FL}} = \begin{cases} -(1-\hat{y})^\gamma \log \hat{y}, & y = 1 \\ -\hat{y}^\gamma \log(1-\hat{y}), & y = 0 \end{cases} \qquad (11.31)$$

　　Focal Loss 在式中增加了一個子項 $(1-\hat{y})^\gamma$，透過這個子項，就可以達到降低容易分類樣本權重的目的。舉例來講，樣本 A 屬於正樣本的機率為 0.9，樣本 B 屬於正樣本的機率為 0.6，因此樣本 A 更有可能屬於正樣本。假設 γ 的值為 1，分別計算 A 樣本和 B 樣本的子項 $(1-\hat{y})^\gamma$ 的值，分別為 0.1 和 0.4，不難看出此時難以分類的 B 樣本的權重值更大。同時，筆者還發現對 Focal Loss 做個權重調整，結果會有微小提升，如式 (11.32) 所示。

$$L_{\rm FL} = \begin{cases} -\alpha(1-\hat{y})^\gamma \log \hat{y}, & y=1 \\ -(1-\alpha)\hat{y}^\gamma \log(1-\hat{y}), & y=0 \end{cases} \quad (11.32)$$

　　透過一系列調參，得到 α=0.25，γ=2(在筆者的模型上) 的效果最好。注意在筆者的任務中，正樣本屬於少數樣本，也就是說，本來正樣本難以「匹敵」負樣本，但經過 $(1-\hat{y})^\gamma$ 和 $\hat{y}^\gamma$ 的「操控」後，也許形勢逆轉了，還要對正樣本降權。不過參數 α 的調整只是透過經驗，理論上很難有一個指導方案來決定 α 的值，如果沒有較大算力進行調參，倒不如直接讓 α=0.5。

　　Focal Loss 推廣到多分類的形式非常容易得到，多分類交叉熵可以寫成式 (11.33) 的形式，其中 p_y 為模型預測目標類別的機率。

$$L_{\rm FL} = -(1-p_y)^\gamma \log p_y \quad (11.33)$$

　　同時，在 torch 實現 Focal Loss 的方式如下。

　　定義相關參數，程式如下：

```
#chapter9/losses.py
class FocalLoss(nn.Module):
    def __init__(self, gamma=2, alpha=1, size_average=True):
        super(FocalLoss, self).__init__()
        self.gamma = gamma
        self.alpha = alpha
        self.size_average = size_average
        self.elipson = 0.000001
```

　　計算 Focal Loss，程式如下：

```
#chapter9/losses.py
```

```python
def forward(self, logits, labels):
    """
    cal culates loss
    logits: batch_size * labels_length * seq_length
    labels: batch_size * seq_length
    """
    if labels.dim() > 2:
        labels = labels.contiguous().view(labels.size(0), labels.size(1), -1)
        labels = labels.transpose(1, 2)
        labels = labels.contiguous().view(-1, labels.size(2)).squeeze()
    if logits.dim() > 3:
        logits = logits.contiguous().view(logits.size(0), logits.size(1),
logits.size(2), -1)
        logits = logits.transpose(2, 3)
        logits = logits.contiguous().view(-1, logits.size(1), logits.size(3)).
squeeze()
    assert (logits.size(0) == labels.size(0))
    assert (logits.size(2) == labels.size(1))
    batch_size = logits.size(0)
    labels_length = logits.size(1)
    seq_length = logits.size(2)

    # 將標籤轉為獨熱編碼
    new_label = labels.unsqueeze(1)
    label_onehot = torch.zeros([batch_size, labels_length, seq_length]).
scatter_(1, new_label, 1)
    #label_onehot = label_onehot.permute(0, 2, 1)#transpose, batch_size * seq_
length * labels_length

    # 計算前文所提及的 -log p_y
    log_p = F.log_Softmax(logits)
    pt = label_onehot * log_p
    sub_pt = 1 - pt
    fl = -self.alpha * (sub_pt) ** self.gamma * log_p
    if self.size_average:
        return fl.mean()
    else:
        return fl.sum()
```

其使用的程式如下：

```python
#chapter11/expamples.py

from losses import FocalLoss
# 隨機初始化一些資料
logits = torch.rand(3, 3, 3)
labels = torch.LongTensor([[0,1,1],[1, 2, 2],[2,0,1]])
```

```
# 實例化 Focal Loss 並設定好超參數
fl = FocalLoss(gamma = 0, alpha = 1)
print(fl(logits, labels))
```

11.3.3 Dice Loss

Dice Loss 是專門用於解決 NLP 任務的損失函式。在多數情況下，對於各樣本類別本身在數量上的不平衡，可以透過引入係數 αt 進行調整，如式 (11.34) 所示。當標籤值為 1 時，$\alpha_t = \alpha$；當標籤值不為 1 時，$\alpha_t = 1 - \alpha$，其中，$\alpha \in (0,1)$。舉例來講，若標籤為 1 的樣本佔多數，則標籤為 0 的樣本佔少數，將 α 的值設為 0~0.5，以增大標籤為 0 的樣本權重，降低標籤為 1 的樣本權重。

$$w\mathrm{CE}(p_t) = -\alpha_t \log(p_t) \tag{11.34}$$

對於不同樣本，可以設置不同的權重，從而控制模型在該樣本上學習的程度，但是權重的選擇又變得比較困難。因為目標是緩解資料集的不平衡問題從而提高基於 F1 評測指標的效果，演算法人員希望有一種損失函式能夠直接作用於 F1。

為此，可以直接使用一種現有的方法——Sorensen-Dice 係數 (簡稱 DSC) 去衡量 F1。DSC 是一種用於衡量兩個集合之間相似度的指標，其運算式如式 (11.35) 所示。

$$\mathrm{DSC}(A,B) = \frac{2\,|\,A \bigcap B\,|}{|\,A\,| + |\,B\,|} \tag{11.35}$$

如果令 A 是所有模型預測為正樣本的集合，令 B 為所有實際上為正類的樣本集合，則 DSC 就可以重寫為式 (11.36)。其中，TP 是 True Positive，FN 是 False Negative，FP 是 False Positive，D 是資料集，f 是一個分類模型。於是，在這個意義上，DSC 是和 F1 等價的。

$$\mathrm{DSC}(D,f) = \frac{2\mathrm{TP}}{2\mathrm{TP} + \mathrm{FN} + \mathrm{FP}} = \mathrm{F1} \tag{11.36}$$

然而上述運算式是離散的。為此，需要把上述 DSC 運算式轉為連續的版本，從而視為一種平滑化的 F1。

於是對單一樣本 x，可以直接定義它的 DSC：

$$\mathrm{DSC}(x, f) = \frac{2 p_1 y_1}{p_1 + y_1} \qquad (11.37)$$

以二分類為例，如果當前樣本為負樣本，則式 (11.37) 直接等於 0，不會對訓練有貢獻。為了讓負樣本也能有所貢獻，需增加一個平滑項 ε。

$$\mathrm{DSC}_s(x, f) = \frac{2 p_1 y_1 + \varepsilon}{p_1 + y_1 + \varepsilon} \qquad (11.38)$$

但這樣一來，又需要根據不同的資料集手動地調整平滑項，而且，當容易被辨識的負樣本很多時，即使使用平滑項，整個模型訓練過程仍然會被它們主導。基於此，DSC 參考 Focal Loss 自調節的想法，使用一種「自調節」的 DSC，如式 (11.39) 所示。

$$\mathrm{DSC}(x, f) = \frac{2(1 - p_1) p_1 \cdot y_1 + \varepsilon}{(1 - p_1) p_1 + y_1 + \varepsilon} \qquad (11.39)$$

比較 DSC_s 與 DSC，可以發現 $1 - p_1$ 實際上充當了縮放係數，對於簡單樣本 (p_1 趨於 1 或 0)，$1 - p_1$ 使模型更少地關注它們。從導數上看，一旦模型正確分類當前樣本，DSC 就會讓模型更少關注它，而非像交叉熵那樣，鼓勵模型迫近 0 或 1 這兩個端點，這樣能有效地避免因簡單樣本過多導致模型訓練受到簡單樣本的支配。

由於 DSC 是平滑化的 F1，故模型的損失為 1-DSC，即如式 (11.40) 所示。

$$\mathrm{DL} = 1 - \mathrm{DSC}(x, f) = 1 - \frac{2(1 - p_1) p_1 \cdot y_1 + \varepsilon}{(1 - p_1) p_1 + y_1 + \varepsilon} \qquad (11.40)$$

定義獨熱編碼函式，程式如下：

```
#chapter11/losses.py

def make_one_hot(input, num_classes):
    """Convert class index tensor to one hot encoding tensor.
    Args:
        input: A tensor of shape [N, 1, *]
        num_classes: An int of number of class
    Returns:
```

```
        A tensor of shape [N, num_classes, *]
    """
    shape = np.array(input.shape)
    shape[1] = num_classes
    shape = tuple(shape)
    result = torch.zeros(shape)
    result = result.scatter_(1, input.cpu(), 1)
return result
```

二分類 Dice Loss 程式如下：

```
#chapter11/losses.py

class BinaryDiceLoss(nn.Module):
    # 超參數
    def __init__(self, smooth=1, p=2, reduction='mean'):
        super(BinaryDiceLoss, self).__init__()
        self.smooth = smooth
        self.p = p
        self.reduction = reduction

    def forward(self, predict, target):
        assert predict.shape[0] == target.shape[0], "predict & target batch size
don't match"
        predict = predict.contiguous().view(predict.shape[0], -1)
        target = target.contiguous().view(target.shape[0], -1)

        num = torch.sum(torch.mul(predict, target), dim=1) + self.smooth
        den = torch.sum(predict.pow(self.p) + target.pow(self.p), dim=1) + self.smooth
        loss = 1 - num / den

        if self.reduction == 'mean':
            return loss.mean()
        elif self.reduction == 'sum':
            return loss.sum()
        elif self.reduction == 'none':
            return loss
        else:
            raise Exception('Unexpected reduction {}'.format(self.reduction))
```

多分類 Dice Loss 程式如下：

```
#chapter11/losses.py

class DiceLoss(nn.Module):
    """Dice loss, need one hot encode input
```

```
    Args:
        weight: An array of shape [num_classes,]
        ignore_index: class index to ignore
        predict: A tensor of shape [N, C, *]
        target: A tensor of same shape with predict
        other args pass to BinaryDiceLoss
    Return:
        same as BinaryDiceLoss
    """
    def __init__(self, weight=None, ignore_index=None, **kwargs):
        super(DiceLoss, self).__init__()
        self.kwargs = kwargs
        self.weight = weight
        self.ignore_index = ignore_index

    def forward(self, predict, target):
        assert predict.shape == target.shape, 'predict & target shape do not match'
        dice = BinaryDiceLoss(**self.kwargs)
        total_loss = 0
        predict = F.Softmax(predict, dim=1)

        for i in range(target.shape[1]):
            if i != self.ignore_index:
                dice_loss = dice(predict[:, i], target[:, i])
                if self.weight is not None:
                    assert self.weight.shape[0] == target.shape[1], \
                        'Expect weight shape [{}], get[{}]'.format(target.
                        shape[1], self.weight.shape[0])
                    dice_loss *= self.weights[i]
                total_loss += dice_loss
        return total_loss/target.shape[1]
```

其使用的程式如下：

```
#chapter11/expamples.py

from losses import DiceLoss
# 隨機初始化資料
logits = torch.rand(3, 3, 3)
labels = torch.LongTensor([[0,1,1],[1, 2, 2],[2,0,1]])
# 實例化 Dice Loss
DL = DiceLoss()
print(DL(logits, labels))
```

11.3.4 拒識

拒識主要在文字分類的場景中得以表現。在實際對話系統運作的過程中，經常會收到來自領域外的查詢，對於意圖辨識，答案有可能不屬於已定義意圖中的任意一個 (None-of-the-above)。例如智慧喇叭，使用者可能會向其詢問「你今年幾歲」或「你喜歡什麼樣的人」這樣的領域外查詢，此時對話系統就需要檢測出這類來自領域外的查詢並予以拒識或是一些預先定義的動作回饋。

實現拒識任務通常有 3 種方法，第一種是 Softmax-Based，即訓練好已定的模型後，根據模型的預測機率，進行設定值過濾，如類別輸出機率低於 0.6 的樣本直接轉為拒識類別；第二種是模型在訓練的過程中設定 N+1 個類別進行訓練，最後修改訓練的損失函式；第三種是在訓練的過程中額外引入一個置信度。

世界上有很多問題有確切的答案，例如「6 乘 9 等於多少」也有很多問題沒有確切的答案，例如「人的一生能走多遠」所以對於已有的問題，答案都有不確定性。對於已知有解的問題，置信度為 1；對於沒有解的問題，根據資訊量的多少，置信度的大小也會發生變化。基於不確定性的 OOD 檢測方法使用模型的置信度來衡量一個樣本屬於分佈內 (ID) 還是分佈外 (OOD)，如圖 11.14 所示，置信度低的資料更多地脫離於當前資料分佈。

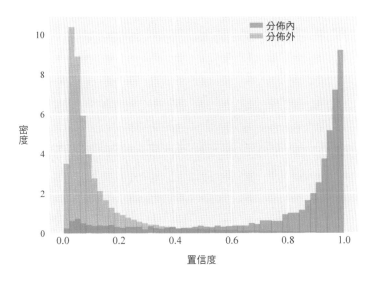

▲圖 11.14 置信度和資料是否脫離已有分佈的統計

　　使用額外學習置信度的方法能在資料集中找到脫離資料分佈的點，即在推理過程中完成拒識，如圖 11.15 所示，其思想是在學習過程中額外學習一個置信度的參數，可學習的過程沒有標籤，該如何擬合這一參數呢？

▲ 圖 11.15　引入置信度的學習

　　筆者在原有的分類外再增加一個分支：置信度分支來預測一個置信度 c，如式 (11.41) 所示。

$$p\,,c=f(x\,,\Theta)\,p_i\,,\quad c\in[0,1]\,,\quad \sum_{i=1}^{M}p_i=1 \tag{11.41}$$

　　為了在訓練時給網路一些提示，實驗使用置信度 c 來調整 Softmax 預測機率。

$$p'_i=c\cdot p_i+(1-c)\,y_i \tag{11.42}$$

　　此時模型的分類損失為

$$\mathcal{L}_t=-\sum_{i=1}^{M}\log(p'_i)\,y_i \tag{11.43}$$

　　為了阻止網路最小化，計算分類損失時選擇增加一個對數懲罰項，即置信度損失。

$$\mathcal{L}_c=-\log(c) \tag{11.44}$$

　　模型的總損失如式 (11.45) 所示，在訓練的過程中逐漸學習置信度的大小。

$$\mathcal{L}=\mathcal{L}_t+\lambda\,\mathcal{L}_c \tag{11.45}$$

　　同時，程式如下：

```
#chapter9/model.py
# 輸出一個全連接神經元以學習置信度
if self.params.confidence == True:
```

```
    # 置信度組件
confidence = self.confidence(cls_output)        #batch_size*num_class
#batch_size*1 映射成 0~1 的機率
self.conf = torch.sigmoid(confidence)
else:
self.conf = torch.sigmoid(classifier_logits)
```

置信度損失的程式如下：

```
#chapter9/model.py
if self.params.confidence:
    prob = torch.Softmax(logits, dim=-1)
    prob = self.conf * prob + (torch.ones_like(prob) - self.conf) * one_hot_labels
    #P 融入置信度
    conf_loss = -torch.mean(torch.log(self.conf))
    cls_loss = -torch.mean(torch.sum(one_hot_labels * torch.log(prob), dim=-1))
    return cls_loss + self.params.conf_rate * conf_loss
else:
    return torch.mean(self.batch_loss)
```

11.3.5　帶有雜訊學習

在實際工作中，你是否遇到過這樣一個問題或痛點：無論透過哪種方式獲取的標注資料，資料的品質仍然存在一些問題，如資料標注的標準不統一等。特別是當錯誤樣本回饋回來時，訓練集標注的樣本居然和錯誤樣本一樣，如圖 11.16 所示。針對這一資料情況，研究人員設計了許多帶有雜訊學習的方法。

Dataset: **Google Quickdraw!**　Dataset: **MNIST**　Dataset: **Amazon Reviews**
Given Label: **Mosquito**　　Given Label: **5**　Given Label: **1 star review**
Model: VGG　　　　　　　　Model: AlexNet　Model: SGD Classifier + TFIDF

▲ 圖 11.16 誤標注資料的情況

1. 標籤平滑

標籤平滑 (Label Smoothing) 是用更平滑的方式構造標籤序列並代替常用的獨熱編碼標籤，讓分類之間的聚類更加緊湊，增加類間距離，減少類內距離，避免當輸入資料錯誤標注時，模型的梯度懲罰並不如之前使用獨熱編碼標籤大。

一般樣本 x 的標籤使用獨熱編碼,如式 (11.46) 所示。

$$y = [0, \cdots, 0, 1, 0, \cdots, 0]^T \qquad (11.46)$$

這種標籤可以看作硬標籤。如果使用 Softmax 分類器與交叉熵損失函式,最小化損失函式則會使正確類和其他類的權重差異變得很大,根據 Softmax 的函式性質可知,如果要使某類的輸出機率接近於 1,則其歸一化的得分需要遠大於其他類的得分,可能會導致某類的權重越來越大,並導致過擬合。此外,如果樣本標籤是錯誤的,則會導致更嚴重的過擬合現象。為了改善這種情況,可以引入一個雜訊對標籤進行平滑,即假設樣本以 ε 的機率為其他類的機率,平滑後的標籤如式 (11.47) 所示。

$$\tilde{y} = \left[\frac{\varepsilon}{K-1}, \cdots, \frac{\varepsilon}{K-1}, 1 - \varepsilon, \frac{\varepsilon}{K-1}, \cdots, \frac{\varepsilon}{K-1} \right]^T \qquad (11.47)$$

其中,K 為標籤數量,這種標籤可以看作一種軟標籤,此類標籤平滑,可以避免模型的輸出過擬合到硬目標上,並且通常不會損害其分類能力。

程式如下:

```
#chapter11/model.py
label_smoothing_cross_entropy(self, logits, label, smoothing=0.1):
    """
    平滑化標籤,代替傳統獨熱編碼標籤,無須最佳化目標類與非目標類的差距
    :param label:
    :param depth:
    :param p:
    :return:
    """
    prob = torch.Softmax(logits, dim=-1)
    y = torch.nn.functional.one_hot(
        label, config.cls_num).float()        #batch_size,cls_num
    V = y.shape[-1]                             #number of class
    smoothing_label = ((1 - smoothing) * y) + (smoothing / V)
return -torch.mean(torch.sum(smoothing_label * torch.log(prob), dim=-1))
```

2. 動態轉置矩陣

部分研究人員使用動態轉置矩陣 (Dynamic Transition Matrix) 對基於遠端監督的資料集中的雜訊資料進行描述,並使用了一種課程學習 (Curriculum Learning)

的方式訓練模型。

　　每個訓練樣本對應一個動態生成的轉置矩陣 (Transition Matrix)。這個矩陣的作用是對標籤出錯的機率進行描述及標示雜訊模式,如圖 11.17 所示。

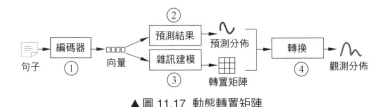

▲圖 11.17　動態轉置矩陣

　　在進行文字分類的任務過程中,在預測 Softmax 機率的同時,將 embedding 資訊全連接後生成一個轉置矩陣,此類轉置矩陣的目的是將當前樣本預測為類別 A,但錯誤標注為類別 C 的轉移機率,然後將轉置矩陣和預測機率進行互動計算整體的結構。其損失函式如式 (11.48) 所示。

$$L = \sum_{i=1}^{N} -((1-\alpha)\log(o_i y_i) + \alpha \log(p_i y_i)) - \beta \mathrm{trace}(\boldsymbol{T}^i) \qquad (11.48)$$

　　當雜訊很少時,轉置矩陣會比較接近單位矩陣 (因為兩個類別之間混淆性很小,同類之間的轉移機率很大,接近 1,這樣轉置矩陣就會接近單位矩陣)。於是轉置矩陣和單位矩陣的相似性就可以用 trace($\boldsymbol{T}$) 來表示。trace($\boldsymbol{T}$) 越大,表明 $\boldsymbol{T}$ 和單位矩陣越接近,也就是雜訊越少。可靠的資料 trace($\boldsymbol{T}$) 比較大,不可靠的資料 trace($\boldsymbol{T}$) 比較小。

　　最終的訓練損失由 3 部分組成,第一部分是 o 的 loss,第二部分是 p 的 loss,第三部分是 trace 的值。α 和 β 分別表示 o 和 p 的相對重要程度和 trace 的參數。一開始,α 為 1,隨著訓練的進行,敘述表徵分支逐漸有了基本的預測能力,便逐漸減小 β,α 逐漸減小對於 trace 的限制,允許更小的 trace 學到更多雜訊。

　　此時的單位矩陣相當於將輸出機率進行不同維度的縮放,模型剛訓練時引入矩陣的 trace 作為 loss 的正則項,讓模型前 n 步的輸出不受矩陣轉移機率的影響,達到分段學習的作用。

　　另外,如果已經有了對於資料集的先驗知識,演算法人員可以利用這些知識進行課程學習。具體來講是將資料集分成相對可靠和相對不可靠兩部分,先用可靠的資料集訓練幾個迭代，再加入不可靠的資料集繼續訓練。對於可靠資料集，trace(T) 可以適當地大一些；對於不可靠的資料集，則要讓 trace(T) 小一些，程式如下：

```
#chapter11/model.py
def get_trans_loss(self, logits, label):
    """
    透過雜訊學習：利用動態轉置矩陣加強遠端有監督關係取出
    獲取 obverse loss and Trace(matrix)
    """

trans = self.cls_ob(torch.unsqueeze(logits, dim=-1))
#batch_size,cls_num,cls_num
trans_matrix = torch.Softmax(trans, dim=-1)
#batch_size*cls*cls
    trace_T = torch.mean(torch.diagonal(trans_matrix, dim1=-2, dim2=-1).sum(-1))
    prob = torch.Softmax(logits, dim=-1) #batch_size,cls
    observed = torch.matmul(torch.transpose(trans_matrix, 2, 1), torch.
unsqueeze(prob, dim=-1))
    observed = torch.squeeze(observed)
    self.ob_logits = observed
    ob_loss = self.cross_entropy(observed, label)
    return ob_loss, trace_T
```

計算整體損失，程式如下：

```
#chapter11/model.py
elif self.params.loss == 'ob_loss':
    class_loss = self.cross_entropy(classifier_logits, cls_label)
    ob_loss, trace_T = self.get_trans_loss(classifier_logits,cls_label, )
    #beta 把機率設成和 loss 同一個量級
    alpha, beta = self.params.mat_parms
    self.loss = alpha * class_loss + (1 - alpha) * ob_loss - beta * trace_T
```

11.4 模型瘦身

當前常用的 BERT 模型具備 3.4 億個參數，這個擁有 12 層神經網路的「多頭怪」（這裡指 BERT-Base，BERT-Large 模型有 24 層），需要在 4 個 Cloud TPU 上訓練 4 天 (BERT-Large 需要 16 個 Cloud TPU)，如此高的訓練成本讓許多想嘗試的讀者望而卻步，並且難以部署在小型智慧裝置上。與此同時，在工業界的許多要求及時回應的應用場景中，BERT 等預訓練模型也難以滿足其高效性的需求。於是，BERT 模型的瘦身研究就顯得很有前瞻性。通常來講模型瘦身有 6 種有效方法。

1. 網路剪枝

網路剪枝包括從模型中刪除一部分不太重要的權重，從而產生稀疏的權重矩陣，或直接去掉與注意力頭相對應的矩陣等方法實現模型的剪枝，還有一些模型透過正則化方法實現剪枝。

2. 低秩分解

將原來大的權重矩陣分解為多個低秩的小矩陣，從而減少運算量。這種方法既可以用於詞向量以節省記憶體，也可以用到前饋層或自注意力層的參數矩陣中以加快模型訓練速度。

3. 知識蒸餾

透過引入教師網路用以引導學生網路的訓練，實現知識遷移。教師網路擁有複雜的結構用以訓練出推理性能優越的機率分佈，把機率分佈這部分精華從複雜結構中「蒸餾」出來，再用其指導精簡的學生網路訓練，從而實現模型壓縮，即知識蒸餾。另外，從 BERT 模型中蒸餾出不同的網路結構，如 LSTM 等，以及對教師網路結構的進一步挖掘都有望實現知識蒸餾這一方法的不斷最佳化。

4. 參數共用

ALBERT 模型是 BERT 模型的改進版，其改進之一是參數共用。全連接層與自注意力層都實現了參數共用，即共用了編碼器中的所有參數，這樣不僅減少了參數量，還提升了訓練速度。

5. 量化

透過減少每個參數所需的位元數來壓縮原始網路，可以顯著降低對記憶體的需求。

6. 預訓練和 Downstream

模型壓縮可以在模型訓練時進行，也可以在模型訓練好之後進行。後期壓縮使訓練更快，通常不需要訓練資料，而訓練期間壓縮可以保持更高的準確性並實現更高的壓縮率。

本書將主要介紹目前有關 BERT 模型的知識蒸餾與網路剪枝，並對第 7 章生成的文字分類模型瘦身。

11.4.1 知識蒸餾

知識蒸餾使用的是老師 - 學生 (Teacher-Student) 模型，其中老師模型是「知識」的輸出者，學生模型是「知識」的接受者。知識蒸餾的過程分為兩個階段。

1. 原始模型訓練

老師模型 (Net-T) 的特點是模型相對複雜，也可以由多個分別訓練的模型整合。演算法人員對老師模型不作任何關於模型架構、參數量、是否整合方面的限制，唯一的要求是對於輸入 X，其都能輸出 Y。其中 Y 經過 Softmax 函式的映射，輸出值對應相應類別的機率值。

2. 模型蒸餾

學生模型 (Net-S) 是參數量較小、模型結構相對簡單的單模型。同樣地，對於輸入 X，其都能輸出 Y，Y 經過 Softmax 函式映射輸出對應的相應類別的機率值。

在知識蒸餾的論文中，作者將問題限定在分類問題下，或其他本質上屬於分類問題的問題，該類問題的共同點是模型最後會有一個 Softmax 函式，其輸出值對應了相應類別的機率值。

回到機器學習最基礎的理論，機器學習最根本的目的是訓練出在某個問題上泛化能力強的模型。即在某個問題的所有資料上都能極佳地反映輸入和輸出之間的關係，無論是訓練資料，還是測試資料，還是任何屬於該問題的未知資料。

而現實中，由於不可能收集到某問題的所有資料作為訓練資料，並且新資料總是在源源不斷地產生，因此只能退而求其次，訓練目標變成在已有的訓練資料集上建模輸入和輸出之間的關係。由於訓練資料集是對真實資料分佈情況的採樣，訓練資料集上的最佳解往往會或多或少地偏離真正的最佳解 (這裡的討論不考慮模型容量)。

而在知識蒸餾時，由於已經有了一個泛化能力較強的 Net-T，在利用 Net-T 蒸餾訓練 Net-S 時，可以直接讓 Net-S 去學習 Net-T 的泛化能力。

一個很簡單且高效的遷移泛化能力的方法是使用 Softmax 層輸出的類別的機率來作為軟標籤 (Soft Targets)。

如圖 11.18 所示，傳統機器學習模型在訓練過程中擬合的標籤為硬標籤 (Hard

targets)，即對真實類別的標籤取獨熱編碼並求最大似然，而知識蒸餾的訓練過程則使用軟標籤，用大模型的各個類別預測的機率作為軟標籤。

硬標籤	0	1	0	0
	cow	dog	cat	car
軟標籤	10^{-6}	0.9	0.1	10^{-9}

▲ 圖 11.18 硬標籤與軟標籤的區別

這是由於大模型 Softmax 層的輸出，除了正例之外，負標籤也帶有大量的資訊，例如某些負標籤對應的機率遠遠大於其他負標籤，而在傳統的訓練過程 (Hard Target) 中，所有負標籤都被統一對待。也就是說，KD 的訓練方式使每個樣本給 Net-S 帶來的資訊量遠遠大於傳統的訓練方式，透過軟標籤的學習可以讓大模型教會小模型如何去學習。

而這個構造軟標籤的過程，涉及知識蒸餾一個非常經典的概念——蒸餾溫度。在介紹蒸餾溫度之前，回顧一下 Softmax 公式。

$$p_i = \frac{\exp(z_i)}{\sum_j \exp(z_j)} \tag{11.49}$$

如果直接使用 Softmax 層的輸出值作為軟標籤，則會帶來一個問題：當 Softmax 輸出的機率分佈熵相對較小時，負標籤的值都很接近 0，對損失函式的貢獻非常小，小到可以忽略不計，因此蒸餾溫度這個變數就派上了用場，如式 (11.50) 所示。

$$p_i = \frac{\exp(z_i/T)}{\sum_j \exp(z_j/T)} \tag{11.50}$$

其中，T 為蒸餾溫度。當 T=1 時，該式為正常的 Softmax 公式。隨著 T 變得越高，Softmax 的輸出機率也會越趨於平滑，其分佈的熵越大，負標籤攜帶的資訊越會被相對地放大，模型訓練將能關注到負標籤的資訊。其中灰色柱為真實標籤的類別機率，黑色柱為負標籤的類別機率。

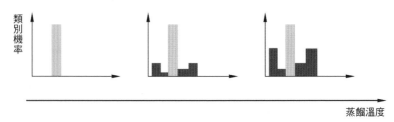

▲圖 11.19 引入蒸餾溫度軟標籤的變化

通用的知識蒸餾框架如圖 11.20 所示。訓練 Net-T 的過程即正常任務使用大模型完成當前的任務，下面詳細講解高溫蒸餾的過程。高溫蒸餾過程的目標函式由 Distill Loss(對應 Soft Target) 和 Student Loss(對應 Hard Target) 加權得到，其運算式如式 (11.51) 所示。

$$L = \alpha L_{\text{Soft}} + \beta L_{\text{Hard}} \tag{11.51}$$

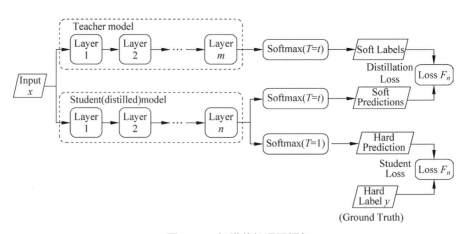

▲圖 11.20 知識蒸餾通用框架

其中，Net-T 和 Net-S 同時輸入當前任務的訓練集，此外 Net-T 利用蒸餾溫度輸出軟標籤，Net-S 在相同溫度條件下的 Softmax 輸出和軟標籤之間的交叉熵損失是 Loss 函式的第一部分 L_{Soft}，即

$$L_{\text{Soft}} = -\sum_{j}^{N} p_j^T \log \left(q_j^T \right) \tag{11.52}$$

其中，p_i^T 為 Net-T 在溫度 =T 時 Softmax 輸出在第 i 類上的值，q_j^T 為 Net-S 在溫度 =T 時 Softmax 輸出在第 i 類上的值，其獲得方式如式 (11.53) 所示。

$$
\begin{cases}
p_i^T = \dfrac{\exp\left(\dfrac{v_i}{T}\right)}{\displaystyle\sum_k^N \exp\left(\dfrac{v_k}{T}\right)} \\[4mm]
q_i^T = \dfrac{\exp(z_i/T)}{\displaystyle\sum_k^N \exp(z_k/T)}
\end{cases}
\tag{11.53}
$$

整體 Loss 函式的第二部分 L_{Hard} 為 Net-S 在 $T=1$ 的條件下 Softmax 輸出和真實標籤獨熱編碼的交叉熵損失，其運算式如式 (11.54) 所示。

$$
L_{Hard} = -\sum_j^N c_j \log\left(q_j^1\right)
\tag{11.54}
$$

為何第二部分 Loss 仍引入硬標籤呢？這是因為 Net-T 也有一定的錯誤率，使用真實標籤的獨熱編碼可以有效地降低錯誤被傳播給 Net-S 的可能。舉例來說，雖然老師的學識遠遠超過學生，但仍然有出錯的可能，而如果學生可以同時參考到標準答案，就可以有效地降低被老師偶爾的錯誤「帶偏」的可能性。

此外在最近的一些工作裡，小結構的學生網路在訓練時通常會在結構相似的位置使用 KL 散度對齊教師網路，即學習教師網路是如何學習的。感興趣的讀者可以查閱相關文獻。

演算法使用了 12 層的 RoBERTa 訓練了文字分類的任務並作為教師網路，同時使用一個 3 層的 RoBERTa 作為學生網路，以知識蒸餾的方式學習收斂好的蒸餾網路。模型參數在減少了四分之三的同時，模型的 F1 只降低了 5‰(從 96.5% 降低至 96.0%)。當然，除了文字分類之外，NLP 所有下游任務都能使用蒸餾的方式進行瘦身。

建構教師網路和學生網路，程式如下：

```
#chapter11/distill.py
# 匯入知識蒸餾的相關相依套件
```

```
from textbrewer import GeneralDistiller
from textbrewer import TrainingConfig, DistillationConfig
# 定義模型
def build_model():
    # 正常 BERT 設定檔
bert_config = RobertaConfig.from_json_file(config.bert_config_file)
# 蒸餾學生設定檔
    bert_config_T3 = RobertaConfig.from_json_file(
        'student_config/roberta_wwm_config/bert_config_L3.json')

    bert_config.output_hidden_states = True
    bert_config_T3.output_hidden_states = True
    bert_config.output_attentions = True          # 獲取每層的 attention
    bert_config_T3.output_attentions = True        # 獲取每層的 attention

    # 載入收斂好的教師模型
    teacher_model = torch.load(config.teacher_model)
    if config.student_init:
        # 載入 3 層預訓練模型再蒸餾
        student_model = BertForCLS.from_pretrained(config=bert_config_T3,
params=config,pretrained_model_name_or_path=config.student_init)
    else:
        student_model = BertForCLS(bert_config_T3, params=config)
return teacher_model, student_model
```

初始化知識蒸餾配置，並進行知識蒸餾，程式如下：

```
#chapter11/distill.py
# 初始化蒸餾參數

train_config = TrainingConfig(device=device)
distill_config = DistillationConfig(
    temperature=8,           # 蒸餾溫度
    hard_label_weight=0,     # 硬標籤權重
    kd_loss_type='ce',

    intermediate_matches=[
        {'layer_T': 0, 'layer_S': 0, 'feature': 'hidden', 'loss': 'hidden_mse',
'weight': 1},
        {'layer_T': 8, 'layer_S': 2, 'feature': 'hidden', 'loss': 'hidden_mse',
'weight': 1},
        {'layer_T': [0, 0], 'layer_S': [0, 0], 'feature': 'hidden', 'loss': 'nst',
'weight': 1},
        {'layer_T': [8, 8], 'layer_S': [2, 2], 'feature': 'hidden', 'loss': 'nst',
'weight': 1}]
)
print("train_config:")
```

```
print(train_config)
print("distill_config:")
print(distill_config)
distiller = GeneralDistiller(
    train_config=train_config, distill_config=distill_config,
    model_T=teacher_model, model_S=student_model,
    adaptor_T=simple_adaptor, adaptor_S=simple_adaptor)

# 開始蒸餾
with distiller:
    distiller.train(optimizer, dataloader, num_epochs=num_epochs,
                scheduler_class=scheduler_class, scheduler_args=scheduler_args,
callback=callback_fun)
```

11.4.2　模型剪枝

　　神經網路通常如圖 11.21 所示，下層中的每個神經元與上一層有連接，但這表示必須進行大量浮點相乘操作。完美情況下，只需將每個神經元與幾個其他神經元連接起來，不用進行其他浮點相乘操作，叫作稀疏網路。稀疏網路更容易壓縮，可以在推斷期間跳過 zero，從而改善延遲情況。

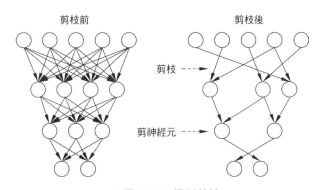

▲ 圖 11.21　模型剪枝

　　如果可以根據網路中神經元的貢獻對其進行排序，則可以將排序較低的神經元移除，得到規模更小且速度更快的網路。速度更快與規模更小的網路對於在行動裝置上的部署非常重要。

　　如果根據神經元權重的 L1/L2 範數進行排序，則剪枝後模型的準確率會下降（如果排序做得好，則可能下降得稍微少一點），網路通常需要經過訓練—剪枝—

訓練—剪枝的迭代才能恢復。如果一次性修剪得太多,則網路可能嚴重受損,無法恢復。因此,在實踐中,剪枝是一個迭代的過程,通常叫作迭代式剪枝 (Iterative Pruning):修剪—訓練—重複。

在 BERT 模型剪枝中,常見的策略有兩種,分別是訓練中 (Training) 剪枝和訓練後 (Post-Traning) 剪枝。Post-Traning 剪枝是指 predict 前直接剪枝,有點簡單粗暴且無須再訓練,但和筆者預料的一樣,Post-Training 容易剪枝過度 (關鍵節點被剪掉),難復原原始效果,而 Training 剪枝是在訓練時小步剪枝,模型即使剪掉重要的內容在後續訓練過程中也有恢復的機會,是常用的剪枝策略。

同樣,在本書開放原始碼的程式中,筆者分享了剪枝的程式,其核心程式如下:

```
#chapter11/prune.py
# 載入模型
model = torch.load(model_path)
# 選擇要剪枝的層數
heads_to_prune = {0: [2, 9, 6, 4, 8, 5, 10, 3, 0, 11, 7, 1][:1],
                1: [3, 1, 4, 10, 2, 5, 8, 9, 6, 7, 11, 0][:5],
                2: [6, 4, 3, 5, 2, 9, 7, 10, 8, 11, 0, 1][:2],
                3: [1, 2, 10, 5, 4, 7, 3, 9, 0, 11, 6, 8][:3],
                4: [2, 5, 1, 6, 11, 7, 4, 8, 3, 0, 9, 10][:5],
                5: [11, 8, 3, 4, 6, 0, 1, 2, 9, 7, 5, 10][:4],
                6: [11, 1, 3, 9, 8, 10, 6, 0, 2, 7, 5, 4][:3],
                7: [10, 1, 2, 6, 5, 9, 3, 0, 8, 11, 7, 4][:7],
                8: [4, 11, 1, 7, 2, 9, 10, 5, 0, 8, 3, 6][:4],
                9: [10, 8, 4, 7, 0, 11, 5, 9, 3, 6, 1, 2][:6],
                10: [5, 3, 1, 8, 4, 6, 0, 2, 10, 7, 9, 11][:8],
                11: [7, 1, 10, 8, 9, 6, 2, 5, 11, 3, 4, 0][:2],
                }
# 剪枝 40 個頭 0.9458 #370M #08:22
# 剪枝 50 個頭 0.9368 #360M #07:57

# 剪枝 60 個頭 0.94#350M #7:00
# 剪枝 95 個頭 0.936 #320M
print('Pruning! .....')
model.base_model._prune_heads(heads_to_prune)
model_to_save = model.module if hasattr(model, 'module') else model  #Only save
the model it-self
output_model_file = '{}_prune'.format(model_path)
torch.save(model_to_save, output_model_file)
```

11.5　小結

　　本章介紹了機器學習分類任務和回歸任務中常用的損失函式，並對自然語言處理任務中最常用的交叉熵損失函式進行了最大似然和資訊理論兩個方面的推導。此外，針對真實場景中常見的異常資料，本章以損失函式改進的方式緩解資料雜訊干擾的問題，最大化地挖掘資料的性能。與此同時，本章還對模型瘦身中常用且好用的知識蒸餾和模型剪枝方法進行了介紹。由於篇幅有限，本章對知識蒸餾和模型剪枝方法的介紹比較粗淺，並沒有覆蓋最新的研究，但在掌握知識蒸餾與模型剪枝的基本概念後，筆者相信讀者在研讀最新的模型瘦身的各種文章時定能事半功倍。